KB270296

근대계몽기 가족론과 국민 생산 프로젝트

The Family Discourse and Nation-making Project in Enlightenment Era

지은이 전미경(全美慶)
1968년 서울 출생
동국대학교 가정교육과, 동 대학원 졸업
가정학 박사
현, 동국대학교 가정교육과 교수
주요 논문으로 「1920~30년대 현모양처에 관한 연구―현모양처의 두 얼굴, 되어야만
하는 '현모' 되고 싶은 '양처'」, 「식민지 시대 '가사교과서'에 관한 연구―1930년대를
중심으로」 등이 있다.

근대계몽기 가족론과 국민 생산 프로젝트

1판 1쇄 인쇄 2005년 1월 10일
1판 1쇄 발행 2005년 1월 20일

지은이 / 전미경(全美慶)
펴낸이 / 박성모
펴낸곳 / 소명출판
출판고문 / 김호영
등록 / 제13-522호
주소 / 137-878 서울시 서초구 서초동 1621-18 (란빌딩 1층)
대표전화 / (02) 585-7840
팩시밀리 / (02) 585-7848
somyong@korea.com / www.somyong.com

ⓒ 2005, 소명출판

값 14,000원

ISBN 89-5626-148-2 93590

근대계몽기 가족론과 국민 생산 프로젝트

The Family Discourse and Nation-making Project in Enlightenment Era

전미경

소명출판

사람들은 나에게 전공이 무엇이냐고 묻는다. 아는 게 많지 않을뿐더러 정확히 답할 수 있는 게 별로 없기에 머뭇거리다 '가족'이라고 답한다. 그런 날 보고 다시 사람들은 가족을 전공하니 행복한 가족생활을 하겠다고 말한다. 그럼 난 할 말이 없어진다.

가족 안에서 딸로 살다가 결혼을 하고, 다시 아내로 엄마로 며느리로 살아가고 있다. 결혼을 하고 일련의 '지위'들을 얻으면서 나는 결혼과 가족을 새삼 다시 바라보게 되었다. '아니 도대체 왜'라는 질문들이 끝임 없이 제기되면서 결혼과 가족을 '마땅히 그래야 할'이라는 당위론이 아닌, 백지 위에 옮겨놓고 보기 시작했다. 낯설었다. 그리고 이상했다.

한번 의심스럽게 바라보기 시작하니, 의심스럽다고 말하는 사람들의 이야기가 더욱 설득력 있게 들린다. 덧붙여 거기에 구체적인 증거들을 보태고 있는 나를 발견하게 된다. 나에게 '가족'은 많은 호기심을 불러일으킨다. 거기엔 궁금한 것이 정말 많다.

초등학생들에게 결혼을 표현하라고 주문하면 '결혼식'을 그린다고 한다. 내 딸도 그럴까 싶어 똑같이 주문했더니 아니나 다를까 신랑신부가 결혼하는 장면을 그리면서 제목을 붙인다. '나의 결혼식'이라고. 학기 초 '가족학' 수업을 시작하기 전 학생들에게 '가족'을 그리라고 말한다. 그러면 학생들은 풍성한 밥상, 분홍색 하트, 울타리 쳐진 단독주택을 그린다. 그런 주택에 한 번도 살아보지 못한 학생들마저도 자기 집을 아파트로 그리지는 않는다. '학교수업'이라는 '맥락' 때문이라고 말하기에는 학생들의 그림에는 유사점이 너무 많다. 엄마는 시골에 가실 때 안경을 벗곤 한다. 건방지게 보이지 않으려고 그런단다. 언제부터 안경 낀 여자를 건방지다고 생각하였을까?

요즘은, 젊고 늙은 부부들의 호칭과 지칭에 관심이 있어 결혼한 사람들에게 묻는다. 뭐라고 부르냐고. 또 배우자를 가리킬 땐 뭐라고 하냐고. 젊은 남편들에게 보이는 많은 대답은 '와이프'라는 지칭이다. '제 아냅니다'라는 말 대신 '제 와이프입니다'라고 한단다. 또 다시 궁금해진다. 왜 아내가 아니라 와이프일까? 단지 외래어가 주는 어감의 차이만은 아니라는 걸, 아내들은 남편을 소개할 때 '제 허즈번드입니다'라고 하지 않는 데서 확인할 수 있다.

나는 왜 고등학교 시절 장미넝쿨이 우거지고 피아노 소리가 딩동 거리는 2층 양옥집의 외동딸을 꿈꾸었을까? 즐겨보던 TV 드라마의 영향이라고 말한다면 다시 궁금해진다. 왜 그 드라마는 스위트 홈을 만들기 위해 장미와 피아노가 필요했던 것일까? 왜 나는 결혼식 날 웨딩드레스를 입고, 그 다음 한복을 입고, 마지막으로 정장을 입어야 했을까? 사진 속에서 그날 하객으로 오신 친척 어른들을 보면 남자들은 죄다 양복을 입었고 미혼의 동생들을 제외하고 여자들은 죄다 한복을 입고 있다. 왜일까? 신혼여행에서 돌아온 다음에는 신랑집이 아니라 신부집부터 가야 하는 것이 옳단다. 왜 그것이 정답이 되었을까? 끝이 없다. 그리고 이런 산만한 호기심이 나를 '근대계몽기'로 이끌었는지도 모른다.

이 책에서 다루고 있는 내용은 가족에 대한 명시적이고도 암묵적 질서에 관한 것이다. 그 질서들을 우리는 전통, 윤리, 규범, 도리, 당위 등으로 부른다. 이것들은 삶을 풍요롭게 만들기도 하지만 버거운 짐으로 우리 모두를 짓누르기도 한다. 이 책의 궁극적인 목적은 당연한 것으로 여겨지는 그런 질서를 낯설게 바라보는 데 있다.

1장에서는 근대계몽기 매체 속에서 가족은 어떻게 배치되고 있는지, 그리고 그것의 의미는 무엇인지를 분석하였다. 2장, 3장, 4장에서는 당시 야만의 풍속이라 부끄러이 간주되었던 조혼과 축첩제 그리고 과부개가를 둘러싼 가족제도를 분석하였다.

그리고 5장에서는 여성에게 남성과 마찬가지의 동등한 권리를 부여해야 한다는 논의가 궁극적으로 실현하고자 하는 것이 무엇이었는지를 살펴보았다. 이것이 여성을 말하는 외부자의 목소리라면, 6장에는 여성의 목소리를 담았다. 남녀가 동등한 사회에서 여성이 소망하는 여성의 삶을 그려보았다. 마지막 7장에서는 당대 새롭게 탄생한 '청년(소년)'이 부모자녀관계에 미친 영향을 분석하였다. 6장에서 다루고 있는 규방가사를 제외하고 이상의 원고들은 모두 근대계몽기 시대의 신문과 잡지, 그리고 소설을 바탕으로 한 것이다. 특히 민족적 열정을 가장 강렬하게 표출했던 『대한매일신보』에 많이 의존하였다.

근대계몽기 그곳에는 지금의 가족을 설명할 수 있는 의외의 많은 열쇠들이 있으며, 미래의 가족의 방향을 제시하는 유연한 지도가 있다. 분주히 주조되고 있던 '가족'은 분명 그 자체가 목적이 아니었다. 가족은 국가와 국민을 만들기 위한 매우 중요한 전략적 지점이었다. 나는 많은 인용문을 제시하면서 가족이 얼마나 철저하게 국가와 국민 만들기를 위하여 이용되었는지를 보여주고자 하였다. 근대국가가 정립되고 국가를 구성하는 국민을 생산하는 거대한 프로젝트 속에서 자연스러운 것이란 있을 수 없다. 자연스럽게 보이도록 하려는 손길만 있을 뿐이다.

「개화기 가족윤리의식의 변화와 가족갈등에 관한 연구」라는 논문으로 박사학위를 받은 후 비로소 이 시대를 제대로 공부할 수 있는 여유가 생겼다. 논문 제출 후 다시 보게 된 내 글들은 부족한 게 너무 많았다. 자료가 빈약했고, 논지가 뚜렷하지 못했다. 무엇보다 '가족'이라는 우물을 만들고 그 안에서만 가족을 보고 있었다. 천천히, 꼼꼼하게, 그리고 인접영역도 살펴가면서 세부 주제를 다루고 싶어졌다. 원자료(原資料)를 횡단하면서 다시 꼼꼼히 읽어 나갔다. 그렇게 공부를 시작한 지 꼬박 5년이 흘렀다. 그동안 꽤 많은 자료를 읽은 것 같은데, 공부를 하면 할수록 책상에는 나를 기다리는 자료들이 쌓여간다. 함께 공부하는 누군가는 말한다. 할 일이 많아서 좋겠다고. 웃으면서 답한다. 같이 하자고.

'연구공간 수유+너머'가 없었다면 이 모든 작업은 굉장히 지루한 일이 되었을 것이다. 어쩌면 불가능한 일이 되었을지도 모른다. 매우 소심하고 낯가림이 심한 내가 신문에 난 조그만 기사만을 보고 그곳을 찾아간 것이 신기할 따름이다. 그렇게 시작된 수유와의 인연은 지금 내 삶의 주요한 활력소가 되고 있다. 흐기심과 열정이 일치한다면 언제든지 그리고 누구와도 합체되고 해체되는 세미나를 거쳐가면서, 공부를 한다는 것이, 그리고 함께 한다는 것이 얼마나 즐거운 일인지를 체험하게 된다. 스치듯 만나는 세미나 구성원은 이제 나에게 더 없이 소중한 친구들이 되었다. 이 공간에 감사한다.

근대계몽기에 대한 인연은 석사과정 때 지도교수인 이정덕 선생님의 '가족윤리' 원고 작업을 도우면서 시작되었다. 이정덕 선생님의 원고는 이 시대와 직접 관련된 것은 아니지만 가족을 새롭게 바라볼 수 있는 계기가 되었다. 선생님의 혜안이 있었기에 이 시대의 중요성을 알게 되었다. '생명'에 대한 열정을 일상에서 실천하고 계시는 선생님의 삶을 지켜보면서 그런 스승을 가진 내가 복이 많음을 알게 된다.

책이 출판되는 과정에서는 이철송 선생님과 친구 김연숙과 수유+너머의 정선태 선생님께 많은 도움을 받았다. 특히 정선태 선생님은 교정과 교열을 보면서 부족한 원고를 채워주었다. 꾸준히 공부하는 것으로 그 고마움을 갚으련다. 또 연구자들의 결과물만이 아니라 연구자들이 자랄 수 있는 학문적 토양에 보다 많은 관심과 애정을 보이는 소명출판의 박성모 사장님께도 감사드린다.

청계천이 진짜 강으로 거듭나려하고 있다.

그곳을 지날 때마다 40년 전 언저리에서 내일을 향해 고달프지만 힘차게 질주하는 아빠와 엄마를 만난다. '새끼를 위하여!'의 의지로 살아오신 부모님께 이 책은 그 내용과 관계없이 또 다른 자부심이 될 것이다. 부모님을 기쁘게 해 드릴 수 있어서 참 좋다. 며느리의 월요일 저녁 세미나를 위해 매주 밤길을 나서야 하는 시어머니께도 감사드린다. 마지막으로 남편과 아이들에게 사랑한다는 말도 전하고 싶다.

2004년 겨울
전미경 씀

근대계몽기 가족론과 국민 생산 프로젝트

차례

<table>
<tr><td rowspan="1">제5장</td><td></td></tr>
</table>

제5장 | 남녀동등론의 진의(眞意)

제6장 | 여성에 대한 여성의 시각 __ 규방가사를 중심으로

제 1 장

근대적 가족은 어떻게 만들어지는가

1. 흔들리는 가족

지난 한 세기 동안 한국의 '가족'은 거센 변화의 소용돌이를 헤쳐 왔다. 가족구성원의 수가 급격히 감소하였을 뿐 아니라 다양한 형태의 가족이 출현하였으며, 가족주기에도 엄청난 변화가 일어났다. 주지하다시피 이러한 변화를 이끈 주된 동인은 '산업화'와 '도시화'였다.

사회구조의 변화는 가족의 변화를 가져오게 마련이다. 따라서 한국의 가족사를 설명하는 데 있어 산업화·도시화라는 변수는 중요할 수밖에 없다. 그럼에도 불구하고 이러한 변수만으로 가족의 변화를 설명하기에는 부족한 감이 있다. 성리학적 원리에 기초한 기존의 가족제도가 근대가족으로 급속히 변화한 것은 산업화와 도시화가 본격적으로 시작된 1960년대부터이긴 하지만, 조선시대 가족을 이루는 핵심적 원리에 대한 당위성이 흔들리기 시작한 것은 훨씬 이전이기 때문이다.

가족사에 대한 많은 연구가 근대계몽기를 주목하고 있는 것은 당연한 일이다. 많은 연구자들이 서구문물이 본격적으로 유입되기 시작하는 근대계몽기를 한국 가족사가 변화하는 대단히 중요한 지점으로 평가한다. 그러나 한국 가족사를 제대로 이해하기 위해서는 이 시기가 가족의 변화를 초래한 중요한 시점이라는 언급만으로는 충분하지 않다. 즉 그 변화의 과정에 대한 심층적인 분석이 필요한데 이에 대한 연구는 매우 부족한 실정이다.

이 글에서는 가족의 변화를 추구한 계몽지식인들의 의도와 '역사적 구성체'로서의 가족의 모습을 살펴봄으로서 한국 가족사에서 공백으로 남아 있는 근대계몽기 가족의 변모를 파악해 보고자 한다.

2. 가족의 시대에서 국가의 시대로

1) 국가=문명 vs 가족=야만

〈몸과 집과 나라 세 가지 정황의 변천〉이라는 『대한매일신보』의 논설(1909.7.15~7.17)은 당시 계몽 담당자들이 '가족'을 어떤 맥락 속에 배치하고 있는가를 집약적으로 보여주는 의미 있는 글이다. 이 글은 '몸'과 '집'과 '나라'를 일직선상의 화살표 위에 제시하고 있다. 이 화살표는 미래를 향해 치닫는 시간의 화살표였으며, 진보의 화살표였다. 3회에 걸쳐 게재된 이 논설은 '직선'적인 인과관계를 의미하는 화살표를 통하여 몸과 집과 나라라는 세 가지 정황의 변천과정을 설명한다.

이 논설은 먼저 시대를 상고, 중고, 근세로 분류한 뒤, "인류의 역사상 진보된 상황을 증거"하고자 할 때 무엇보다 "몸과 집과 나라 세 가지 정황의 변천"이 그것을 잘 보여주고 있다고 말한다.

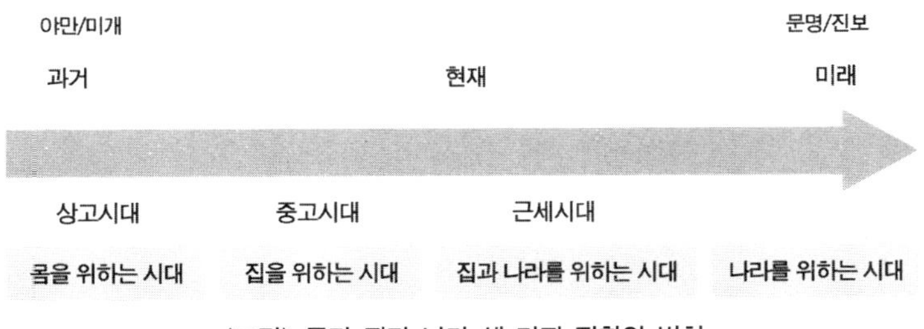

〈그림〉 몸과 집과 나라 세 가지 정황의 변천

화살표의 출발점인 과거는 '미개'와 '야만'을 상징한다. 물론 이것은 '진화론'을 바탕으로 한 것이었다. 문명의 발전은 '국가'와 '민족'을 탄생시키는 동시에 '가족'을 야만과 미개로 규정한다. 이 논설에 따르면, 상고시대에 '몸'을 위할 줄 아는 생각이 생겼다. 그리고 문명이 점점 발달하게 되는 중고시대에 이르러서 여러 집이 서로 결합하여 부락을 만들었고, 이때부터 "동성동본이면 화목하는 단결"이 생기게 되었다. 근세로 접어들면서 부락은 '국가'를 형성한다. 그러나 이때 백성된 자는 자기 몸과 자기 집이나 알 뿐 나라가 무엇인지 알지 못하였기 때문에 국가는 있으나마나 한 빈 이름일 뿐이었다. 이 글에 의하면 계몽지식인들이 궁극적으로 실현하고자 했던 '국가주의'는 근세 이후 몇 백 년에 걸쳐 점진적으로 발달해온 '문명'의 산물이었다.

이 논설은 개인, 가족, 국가를 '몸-가족-국가'라는 일련의 위계적 질서 안으로 편입시키고 있다. '국가'라는 완성체에 도달하기 위하여 '몸'과 '가족'이 성장해야 한다는 주장은 몸은 가족으로, 가족은 국가로 발전해야 한다는 진화의 당위성을 전제로 한 것이다.

> 이제야 비로소 나라는 곧 백성의 나라라 하여 그 있고 없어지는 것을 오직 백성이 담임한다 하며, 국민은 이 나라의 백성이라 하여 그 편안하고 우택한 것을 오직 이 나라의 담당이라 하여, 국가는 국민의 공공한 산업으로 하고 국민은 국가의 공공한 권리를 가지게 된지라. (…중략…) 대개 국가의 명칭은 옛적부터 있었으니 옛적의 국가는 한 가족의 가진 바며 지금 시대의 국가는 한 민족의 가진 바라.
> ―〈몸과 집과 나라 세 가지 정황의 변천〉, 『대한매일신보』, 1909.7.17

문명한 사회로 갈수록 '국가'를 중심에 두는 삶을 영위하게 된다는 논리를 펼치는 계몽적 진술에 따르면 '국가주의'는 20세기 '새 천지'를 조성하는 중심축이다.

적지 않은 계몽적 글들에서 '집'에 대한 이러한 구도를 읽을 수 있다. "태고시절에는 사람의 식견이 어린아이와 같으니 한 집이 그 향토가 되었고, (…중략…) 근래에는 동서양 임의로 왕래하는 장년 남자와 같으니 일국이 그 향토가 되"(『대한매일신보』, 1909.9. 18)었다고 말하는 논설도 태고시절을 아동기로, 현재를 성인기로 묘사하면서 '집'과 '국가'의 관계를 설명하고 있다. 이 주장에 따르면, '태고시절=야만시절, 어린아이, 집'이 같은 범주 안에 묶인다. 그것은 '근래=문명시절, 장년 남자, 국가'라는 범주와 자연스럽게 대쌍을 이룬다. 여기서 어린아이란 "제 집안 족속의 생각만 있고 국가 민족의 생각은 없"는 미숙한 행동을 일삼는 존재를 의미한다(『대한매일신보』, 1909.7.17). 계몽지식인들은 "근래에는 일국의 원동력이 항상 전국 국민의 다수한 사람에게 있"기에 국민된 자로 국민의 능력이 없어서 "몇 백 년 전 형편과 같이 다만 위에 있는 사람이 나를 양육하여 주기만 바라면" 이것은 바로 "어린아이와 같은 국민"이라 지금의 세상에서는 '생존'하기 어렵다고 말한다. 또한 이들은 어린아이가 어른으로 성장하듯이 문명의 발달과 더불어 국가의 구성원은 어린아이 같은 태도를 버리고 '어른' 즉 '국민'으로 거듭나야 한다고 주장한다(『대한매일신보』, 1908.7.23).

국가가 완전한 '성숙체'이고 가족이 '미성숙'한 존재라는 것은 곧 가족은 아이이고, 국가는 어른이라는 것을 뜻한다. 여기서 말하는 어린아이는 '어른'으로 성장하기 위하여 감시와 규율을 통한 엄격한 훈육을 필요로 하는 존재다. 가족은 곧 어린아이 같은 미성숙한 존재이며, 국가는 어른과 같은 성숙체(成熟體)라는 계몽의 분할은 아이와 어른의 연속성을 가족과 국가의 그것과 같은 것으로 설명하고 있다. 그리고 이러한 구도는 결과적으로 가족을 국가 아래에 자리매김하는 결과를 초래한다. 가족은 국가에 종속됨과 동시에 명확한 경계를 부여받게 된다. 국가와 가족의 위계적 질서 아래 '가족'은 미완의 장소가 되는 것이다.

2) "국가는 곧 부모다"

계몽지식인들은 적지 않은 곳에서 조선이 처한 위기적 상황을 '가족'의 위기에 비유한다. 예를 들면, "삼천리강산은 돛대 없는 배와 같이 떠 있고, 이천만 인민은 칼과 창 사이에 둘러 있"는 "가긍하고 참혹"한 조선의 상황을 "하늘에 닿는 큰 물결이 문턱에 닥쳐서 부모처자가 모두 물귀신이 될 지경이오, 산 같은 불꽃이 촌락을 소화하여 붕우형제가 일조에 환난을 당"(『대한매일신보』, 1908.4.24)하고 있다고 빗대는 식이다. 비슷한 예는 또 있다. 〈파괴시대〉라는 또 다른 글에서 조선은 "기울어지는 집"으로 묘사된다. 이 논설은 "이제 큰 집 하나 있으니 지은 지가 여러 천년이 되어 기둥이 썩고 기와가 벗어지며 창호가 퇴락하고 장벽이 퇴비"(『대한매일신보』, 1910.7.30)하였다고 하면서, 새로운 국가를 건설하는 일은 '집'을 수리하는 것과 다를 바가 없다.

계몽적 논설에서 이러한 비유는 어렵지 않게 찾아볼 수 있다.

계몽지식인들이 국가의 위기를 가족의 위기로 직결시켜 설명하고 있는 숨은 뜻은 '국가'를 '부모국(父母國)'으로 지칭하는 데서 찾을 수 있다.

1910년 조선이 일본에 합병되기 얼마 전에 쓰인 이 글은 조선이 처한 작금의 위기를 '부모의 상(喪)'에 비유하여 '부모국의 영결'로 설명하고 있다. 이처럼 적지 않은 곳에서 국가는 '부모국'으로 호명된다. 국가를 "두려마라 부모국아"(『대한매일신보』, 1909.5.20)라고 호명함으로써 국가와 부모는 균등한 무게를 갖게 된다. 즉 '부모국'이란 기표는 '부모'와 같은 '국가', 혹은 '국가'는 곧 '부모'라는 뜻을 함축하고 있다.

그렇다면 계몽담론이 이처럼 국가와 부모를 균등한 것으로 개념화하고자 한 궁극적인 목적은 무엇이었을까. 그것은 너무나 익숙한 윤리규범이자 당시 사람들의 삶에 깊이 각인되어 있던 '효'의 당위성을 '국가'에 적용하기 위해서였다.

려워하지 아니하며, 아래로 사람을 부끄러워하지 아니하리니, 너희 무리는
과연 무슨 물건인가.

—〈소인배를 경계함〉, 『대한매일신보』, 1910.3.22

다시 한번 강조하거니와 국가는 '부모'와 같은 존재였다. 효
가 중요한 윤리의식으로 기능하고 있던 당시 상황에서 '국가'가
'부모국'이 되면 국가에 대한 '충'의 순도는 더욱 높아질 터였
다. 다음 시가는 이러한 측면을 잘 보여주는 예이다.

> 신대한 애국청년 끓는피가 뜨거워
> 일심으로 분발하야 혈성대를 조직코
> 조상나라 붙들기로 굳게맹약 하였네
> 두려마라 부모국아 원수들이 많은데
> 담력있고 용맹있는 혈성대의 청년들
> 부모국을 지키려고 굳게파수 섰구나

—〈사조(詞藻) : 혈성대(血性隊)〉, 『대한매일신보』, 1909.8.11

위의 글은 국가를 하나의 살아있는 유기체에 비유하면서 열
강의 틈바구니에서 생존을 위해 몸부림치는 조선을 '부모국'으
로 부르고 있다.

여기에는 청년을 국가를 지키는 파수꾼으로 이끌고자 하는
의도가 선명하게 드러난다. '부모국'이라는 표현은 자녀를 염두
에 둔 말이다. 기존의 효관념에 의하면 부모가 어려움에 처했을
때 그 자녀는 당연히 자식된 도리를 다해야 한다. 따라서 청년
이 부모 곧 국가를 위하여 자식된 도리를 다해야 하는 것은 당
연한 일이다. '부모국'이란 지칭은 이러한 논리 전개를 위한 장

치었던 셈이다.

> 각 학교를 바라보니 애국하는 청년들이 국가사상 배양하며, 문명학술 연구하고 각색실력 양성하며, 모든 사업 준비코져 주야 열심 하는도다. 격정마라 부모국아 애국청년 일할 때는 자유행복 누릴지니 이 한 가지 희망처라.
>
> —〈시사평론〉, 『대한매일신보』, 1910.3.20

위의 글이 말하고자 한 것은 국가의 자녀인 청년이 부모인 국가에 대해 그 자식된 도리를 다하여야 한다는 것이다. 이러한 계몽담론의 논리는 물리적인 영토로서의 '한반도'를 '조상나라'로 부르는 데서도 확인할 수 있다. "동해에 돌출한 나의 한반도야 / 너는 나의 조상나라이니 / 나의 사랑함이 오직 너 뿐일세"(『대한매일신보』, 1909.8.18)라는 글에서는 '조상'과 '나라'가 '조상나라'라는 하나의 기표로 통합되어 나타난다. 이 말은 조상의 나라인 국가를 지켜내는 것이 후손된 도리라는 의미를 함축하는 것으로써 '조상나라'를 '부모국'과 동일하게 사용하고 있음을 알 수가 있다.

지식인들이 계몽의 담론 안에 이처럼 부모, 자녀, 조상과 같은 가족을 적극적으로 끌어들인 이유는 '애국'을 당위적인 것으로 확고히 하기 위해서였다.

이와 같이 근대계몽기에 가족은 국가라는 층위에서 논의되었다. 가족은 국가라는 위계 질서 안에 포섭되면서 국가를 구성하는 하나의 개별적 단위였다. 이와 함께 국가는 부모와 같은 무게를 갖는다. 이것은 국가의 존망이 가족의 존망으로 직결된다는 논리로 귀결된다.

3. 문명개화와 가족의 재발견

　앞서 살펴보았듯이 계몽담론 안에서 가족에 대한 논의는 철저하게 '국가'라는 층위에서 전개되었다. 이것은 당연한 결과라 할 수 있는데 왜냐하면 계몽담론이 발화되는 목적이 '국가'에 있었기 때문이다. 계몽담론 자체가 항상 국가와 국민을 염두에 둔 것이라고 볼 때 가족 역시 예외가 될 수 없었다. 따라서 여기에서는 국가를 배경에 두고 재배치된 '가족'에 어떤 기능과 의미가 부여되고 있는지를 살펴보고자 한다.

1) 사적 영역으로서의 가족

　근대계몽기 담론에서 국가는 곧 '공적 영역'을 의미했다. 이 공적 영역이 강조되기 위해서는 당연히 그 대치점으로 사적 영역이 필요했다. 여기서 주목되는 것은 계몽지식인들이 대표적인 사적 영역으로 가족을 제시하고 있다는 점이다. 이를 살펴보기에 앞서 우선 계몽담론에서 말하는 '공(公)'과 '사(私)'의 경계부터 확인해 보기로 하자.

공적 영역이 공적 공간으로 자리매김하기 위해서는 사적 공간을 필요로 하며, 그것은 공과 사의 명확한 '경계'를 통해 가능하다. 공과 사를 확연히 경계짓고 있는 다음의 글을 살펴보자.

> 한문에 충성 충자를 보면 가운데 중(中)자와 마음 심(心)자를 합하여 충성이란 충(忠)자가 되었으니, 사람이 가운데서 솟아나는 실상 마음으로 나라를 위하고 임금을 섬기면 이를 이르되 충성이라 하려니와 (…중략…) 그런 고로 사람의 속에 있는 마음도 또한 두 가지가 있으니 공변된 마음과 사사로운 마음이라. 대개 사사로운 마음은 물욕에 끌려 하는 일이 모두 외물에 욕심으로만 한 즉 이것을 충성이라 할 수 없고, 진개 충성이라 할 것은 곧 공변된 마음으로 공변된 일을 행함이라.
>
> ―〈충성론〉, 『대한매일신보』, 1907.12.15

위의 글은 사람의 마음을 '공변된 마음'과 '사사로운 마음'으로 나누고 있다. 필자는 공변된 마음이란 공동의 이익을 추구하는 것이고, 사사로운 마음이란 사적인 이익을 추구하는 것이라고 설명하면서, 진정한 충성은 "공변된 마음으로 공변된 일을 행"하는 것이라고 주장한다. 공변된 마음은 나라를 구하는 마음이고, 사사로운 마음은 이기적인 '욕심'이다. 이것은 공변된 마음의 촉구였으며, 더 나아가 사회의 모든 영역이 '공적인 장(場)'이 되어야 한다는 주장이었다.

이처럼 공변된 마음은 국가와 직결되는 개념이었다. "공변된 마음으로 문명한 사업을 발달하여 국가를 흥하게" 하자는 주장에서 이 공변된 마음과 대치되는 것은 "사사의견으로 한 대문 안에서 패를 나누"는 것이다(『대한매일신보』, 1910.3.9). 여기에서 "한 대문"은 자기가 생장한 지방을 의미하지만, 이 글에서 궁극적으로 비난하고 있는 것은 사적 이익의 추구이다. 이러한 주장에서 주목해야 할 것은 사적 영역이 '공'의 개념을 위해 탄생했다는 것이다. 좀 더 살펴보자.

"이천만 중 우리 동포 사사이익 생각 말고 공공이익 도모하며, 잠시 고통 걱정 말고 큰 사업을 경영하여 헤진 마음 다 거두어 단합력을 양성하면 유능제강할 것이니 범연하게 듣지 말고 실지 시험하여 보소"(『대한매일신보』, 1909.12.1)라는 수사는 계몽적 언설에서 반복적으로 나타나는 표현이다. 그런데 이러한 주장에 주목해야 하는 것은 국가의 위상이 높아질수록 가족은 사사로운 이익을 추구하는 사적 영역의 대표적인 집단으로 규정된다는 점이다. 특히 『대한매일신보』의 〈자기 일신을 위하여 살기를 구하지 말지어다〉(『대한매일신보』, 1909.11.21)라는 논설을 면밀히 살펴보면, 일신(一身)이란 개인의 몸과 함께 가족을 포함하고 있다. 이처럼 가족은 사적인 공간이면서 동시에 하찮은 공간이었다. 가족이라는 공간 안에서 "다만 노인이나 봉양하고 자식이나 기르는 것"을 자신의 "천생직분"으로 여기는 삶은 "어리석은 사람"이나 "용렬한 선비"의 삶과 다를 게 없다(『대한매일신보』, 1908.3.6). "나의 한 집에는 아무 이익이 없을지라도 공변된 이익이라 하면 노래하고 춤을 추며, 나의 한 몸에는 특별한 영광이 없을지라도 공변된 이익이라 하거든 기꺼하며 즐겨"하면서 온 국민이 하나로 뭉치자(『대한매일신보』, 1909.1.17)는 구호가 끊임없이 재생되고 있었다.

이처럼 공공의 이익의 극대화를 위한 총력전이 펼쳐지는 가운데 개인의 사사로운 몸과 집을 위하는 것 즉 사적 이익의 추

구는 이기적인 것으로 비난받았다. 그런데 가족이 이기적인 사
조 영역으로 규정되는 상황에서 주목해야 할 것은 사적 영역으
로서의 가족과 공적 영역으로서의 국가가 새롭게 배치되며 가
족주의와 국가주의를 대립항으로 설정하고 있다는 점이다. 그것
은 가족주의와 국가주의 간의 새로운 관계맺음을 의미한다. 근
대계몽기 절대적인 가치로 등장하는 국가주의는 가족주의의 새
로운 배치를 요구하였다.『대한매일신보』의 한 논설은 국가주의
의 중요성을 간접의 이익과 장래의 이익으로 설명한다.

> 범사를 나의 일신만 위하고 나의 한 집만 보전코자 하야 공익이라 하는
> 것은 염병 원수같이 보아서 (…중략…) 만인의 낙을 일인이 홀로 즐기니
> 어리석은 자는 이것을 이익으로 아나 그러나 이런 악독한 일의 결과가 필
> 경 전국이 와해하며 인심이 불울(怫鬱)하야 다른 나라의 간섭을 자천하고
> 인민의 권리가 다 떨어지면 능히 나만 홀로 낙을 누리겠는가. 이것은 묻지
> 아니하여도 능히 못할 줄을 알지라. 그런고로 직접 이해만 알고 간접의 이
> 해는 알지 못하면 너는 그 직접으로 얻은 이익도 마침내 잃어버릴 것이오
> ―〈간접의 이해와 장래의 화복〉,『대한매일신보』, 1908.6.13

이 글의 필자는 나의 일신만 위하고 나의 한 집만 보전하면
서 그 이익을 추구하는 "악독한 일의 결과"는 곧 국가의 패망이
라 말한다. 따라서 사람은 몸과 집에 득이 되는 직접적 이익보
다는 국가에 도움이 되는 간접적 이익을 추구해야 하며, 그것이
장래의 화복을 가져올 것이라고 주장한다. 이러한 가운데 가족
의 이익을 우선하는 가족주의는 국가주의와 정면으로 대치된다.
즉 "세계 각 민족이 눈을 부릅뜨고 국가주의를 주장하며, 팔을
벌리고 국가 세력을 자랑"하는 상황에서 자신과 자신의 가족만

을 아는 가족주의는 "나라를 멸망하는 주의"(『대한매일신보』, 1908.
12.24)가 될 수밖에 없었던 것이다.

'갑·을·병·정·무'라는 다섯 학생의 꿈 이야기로 구성되어
있는 다음의 논설은 이러한 일면을 잘 보여주고 있다. 다섯 학
생의 꿈 이야기를 들어보면, 갑은 대대로 내려오던 집이 몰수되
어 밤마다 집의 불을 끄는 꿈으로 괴롭다고 하고, 을은 가난으
로 집안 식구 모두가 죽어 눈만 감으면 죽은 가족이 생계를 꾀
하느라고 고생하는 꿈으로 괴롭다고 한다. 병은 상업으로 얻은
돈을 불한당 괴수에게 모두 빼앗기고 분한 마음에 밤마다 이 불
한당과 싸우는 꿈을 꾼다고 하며, 정은 어렵고 끊기 어려운 것
이 사정(私情)이라고 하면서 3세 아이를 영웅을 만들기 위하여
밤마다 아이를 가르치는 꿈을 꾸느라 괴롭다고 말한다. 이에 무
가 주먹으로 땅을 치며 갑·을·병·정을 싸잡아 꾸짖는다.

> 그대 등은 진개 꿈속에 꿈을 꾸는 자로다. (…중략…) 너는 무슨 겨를에
> 사삿집의 성쇠를 꿈꾸며, 삼천리 산천에 사는 이천만동포가 이같이 곤란
> 하게 되었거늘 너는 어느 겨를에 사사 집안에 고락을 꿈꾸며, 전국에 실업
> 이 이같이 쇠잔하거늘 너는 어느 겨를에 일시 사사 영업의 실패한 것을
> 꿈꾸며, 지금에 교육이 이같이 떨치지 못하거늘 너는 어느 겨를에 일개 너
> 의 아들의 전정(前程)만 꿈을 꾸나뇨
> ─〈안석을 의지하여 다섯 학생의 꿈 이야기 하는 말을 듣는다〉, 『대한매일신보』, 1910.3.8

갑·을·병·정 모두가 무에게 지탄의 대상이 된 것은 이들
이 "사사로운 가정사"를 염려하고 있기 때문이다. 이 글의 필자
가 무를 통해 말하고 싶은 내용은 "꿈에도 집을 잊어버리고 나
라를 사랑하며 사사 생각을 버리고 공변된 것을 숭상"하라는 것

이다. 그는 이것이 한국의 장래를 밝게 하는 데 가장 중요한 것이라고 역설한다. 그러나 무의 비판에서 주목해야 할 것은 자녀에 대한 교육을 열망했던 정 역시 비난받고 있다는 점이다. 정은 이제 겨우 3세 된 아이의 교육을 걱정하고 있다. 그는 아들을 "어찌하면 비스마르크와 글래드스턴 같은 큰 정치가를 만들고, 어찌하면 모기와 넬슨 같은 큰 공을 이룰 사람을 되게 할까"로 고민하는 아버지였다. 그런데 당시 계몽지식인들이 그토록 강조해 마지않았던 자녀교육에 매진하고자 하는 아버지임에도 불구하고 정이 무의 비난에서 벗어나지 못한 것은 그것이 사사로운 개인적 욕구에서 출발한 것이었기 때문이며, 그것에서는 '국가', '국민', '애국'을 발견할 수 없기 때문이다.

한편, 개인, 가족, 국가의 삼각구도 아래에서 사적 영역으로서의 가족은 어떻게 자리매김되고 있었을까. 결론부터 말하자면, 개인과 집단의 모든 열정이 국가에 집중되어야 하는 구도 아래에서 사사이익을 추구하는 가족은 차라리 부재(不在)해야 할 것이었다.

> 오늘날 한국에 대하여 향을 사르고 혈성으로 축원하는 바는 다만 (…중략…) 눈에는 나라 국자만 있고 집이라는 가자(家字)는 없으며 마음에는 공공한 이익만 있고 사사로운 이익은 없어서 몸과 피와 재물을 교육하는 데 희생을 삼는 일을 하는 것뿐이러라.
> ―<이 사람이 아니면 누구를 바랄고>, 『대한매일신보』, 1909.8.24

이 글에서 온 마음으로 열망하는 것은 '나라 국(國)'자만 있고 '집 가(家)'는 없는 즉 '가(家)'의 소멸이다. 집의 소멸은 곧 사사로운 이익의 소멸을 의미하는 것이고, 이러한 소멸을 통해 다다르는 종착점은 '국(國)'과 '공공한 이익'의 극대화였다.

근대계몽기 가족은 개인과 국가를 연계하는 매개체였다. 그러나 '나'가 곧 '국가'와 직결될 수 있는 상황이라면 매개물로서의 '가족'의 필요성은 사라지게 된다. 이와 같이 집의 소멸을 주창하는 글은 곳곳에서 확인할 수 있다. 당시 계몽지식인들에게 "그 몸을 위하고 집을 위하는 마음이 나라를 위하는 마음보다 더 중하며 몸을 위하고 집을 위하여 다투는 것이 나라를 위하여 다투는 것보다 더 앞서"는 것은 "천지간 일개 버러지의 신세를 면치 못"하는 것으로 생각되었다(『대한매일신보』, 1910.2.12).

이처럼 근대계몽기의 가족은 국가라는 지평 이외에는 자신이 서 있을 공간을 상실하였기 때문에 오직 국가라는 층위에서만 그 당위성을 확보하고 있었다.

2) '국민' 생산 기관으로서의 가족

조선을 건국한 신흥사대부들은 유교의 원리에 따라 사회질서를 구현하고자 하였는데 그 핵심이 가족이었다. 공자가 생각한 이상적인 인간공동체는 가족공동체를 모델로 한 것이었다. 따라서 가족은 유교적 사회구조의 원형으로 이해되었다. 유교사회에서는 가족주의가 인간의 개념과 가치규범을 결정할 뿐 아니라 인간은 가족주의적 관점에서 이해된다. 즉 개인은 그 자체로 성립하는 독립된 존재라기보다는 가족이라는 조화로운 전체의 한

지체(肢體)일 뿐이다. 따라서 개인의 자아는 그의 가족과의 관계 안에서, 다시 말해 가족 안에서의 위치와 역할에 의해서 비로소 성립하는 것이다. 유교사회에서 개인의 존재는 가족, 씨족 및 공동체에 속하며 그의 일원으로서만 의미와 가치를 가진다(신옥희, 1983 : 167). 조선시대 가족의 원리는 국가와 사회를 구성하는 운영 원리일 뿐 아니라 가족을 떠난 개인의 삶이 허락되지 않았기 때문에 개인은 가족을 통해서만 자신의 정체성을 완성할 수 있었다.

그러나 그러한 가족의 위상은 근대계몽기에 이르러 심각한 도전에 직면한다. 계몽의 주체들은 열강의 수탈 앞에서 생존을 위한 전략을 모색하고 있었으며, 그것은 주지하다시피 부국강병한 근대국가의 건설로 모아지고 있었다. 가라타니 고진(1997)이 지적하고 있듯이 근대국가는 그 자체가 "인간을 다시 만들어내는 하나의 교육 장치"라 할 수 있다. 이런 시대 배경 아래 가족은 국가를 구성하는 '국민'이라는 새로운 인간을 주조해야 하는 기능을 부여받고 있었다. 그렇다면 한국의 경우는 어떠했을까.

근대계몽기 '가정'은 사회의 기본 단위로 제시되고 있다. 사호의 변화를 이끌기 위해서는 먼저 가정의 변화가 우선되어야 한다는 논리를 펼치고 있는 다음의 글에서 가족이 사회의 기본 단위로 자리매김하고 있음을 알 수 있다.

> 대저 사회를 만든 자는 가정이라. 그런고로 부패한 사회를 개량코저 할진대 가정의 부패를 개량하는 데 종사할지니, 무릇 사람이 처음 날 때에는 모두 청정하고 티도 없는 정신이라. 이 정신은 선한 것으로 익히면 악함이

여기에서 가정을 중요하게 보는 이유는 가정이 바로 사회를 구성하는 기초단위이기 때문이다. 즉 사회 혹은 국가는 무수한 가정의 합으로 이루어지기 때문에 부패한 사회개량은 가정의 부패를 개량하는 데서부터 출발해야 한다는 논리인 것이다. 가정이 국민 개량의 중요한 단위가 될 수 있는 것은 미래의 국민이 될 아이들이 가정 안에서 성장하기 때문이다. 따라서 가정이 사회와 국민개량의 기본단위가 된다는 구도 아래에서 가정교육의 강조는 지극히 자연스러운 것이라 할 수 있다.

사회개량을 위하여 가족이 개량되어야 한다는 이상의 논리는 가족을 지배하는 원리를 통하여 사회를 지배하고자 하는 유교의 논리와 정면으로 배치된다. 유교사회에서 국가는 가족의 확대형이며, 가족은 사회적 결속의 기초였다. 국가는 말하자면 '국가적 가족(national family)'이며 왕은 아버지고 백성은 그의 자녀와 같다. 다시 말하면 가족에 있어서의 부자관계가 그대로 군신관계의 모델이 된다. 그러므로 개개의 가정에 있어서는 물론 유교의 가족형적 국가에 있어서도 지도적 윤리 원칙은 유교적 효(孝)와 자(慈)이다. 유교에서 효는 백행의 근본이며 최고의 덕으로 간주된다. 그리고 효는 가족규범이고 충은 국가규범이다. 그런데 사회규범이자 국가규범인 충은 효의 연장이다(신옥희, 1983 : 168). 이렇듯이 조선시대 가족을 구성하는 원리는 가족 밖의 사회와 국가로 계속 확대되면서 적용되었다. 그러나 근대계몽기 지식인들은 가족에서 근대국가를 건설하기에 적합한 모습을 기대한다. 위의 글에 따르면 사회의 구성원리가 가족에서부터 확장되어가는 것이 아니라 사회를 구성하기 위해 ‘가족’은 ‘사회’ 안에서 기능적인 단위로 자리매김되어야 한다. 좀 더 상세히 살펴보기로 하자.

『대한매일신보』 1908년 3월 5일부터 18일까지 총 11회에 걸쳐 연재된 〈서호문답〉은 동호의 객(동호자)의 물음에 서호의 주인(서호자)이 답하는 방식으로 기술되어 있는데, 여기에는 근대계몽기 후반의 계몽의 논지가 응축되어 있다. 이 글은 교육에서부터 그 문답을 시작하고 있다. 서호자에 대한 동호자의 첫 물음은 ‘사람의 의무’가 어디에 있느냐는 것이었고, 이에 서호자는 그 첫 번째가 ‘교육’이라고 하면서 교육을 “사람 되는 기관”으로 설명한다. 서호자는 교육이 없는 사람은 사람의 의무를 다하지 못하기에 “차라리 스스로 죽는 것이 낫다”는 극언을 서슴지 않는다. 서호자는 교육을 가정교육과 학교교육 그리고 사회교육으로 분류한 뒤 가정교육에 대하여 다음과 같이 서술하고 있다.

주인 왈 첫째는 가정교육이니 한 사람이 뜻을 세워 집안에서 실시하되, 교육의 주의와 애국하는 사상을 가지고 위로 부모에게든지 아래로 처자와 동기까지라도 사람사람이 서로 권면하여 온 집안이 단체로 화락할지니라.
객 왈 이는 실지와 학식과 문견이 없으면 능히 못하겠지요.
주인 왈 그런고로 집안에 부녀와 아이들이라도 먼저 국문을 익히게 한 후에 틈이 있는 대로 시간을 정하여 가정 잡지와 국문 신보를 열람하게 하되, 남편은 그 아내를 가르치고 할아비는 그 손자를 가르쳐서 온 집이

이로써 안으로는 집 사람의 사업을 삼고 밖으로 나라 백성의 의무를 삼으면 비단 한 집의 다행할 뿐 아니라 온 나라의 유익함이 되나니, 이도 국가의 일분자 되는 단체니라.

—〈서호문답〉, 『대한매일신보』, 1908.3.7

가족은 그야말로 가장 기본적인 교육의 장이다. 부녀와 아이들은 틈나는 대로 공부를 해야 하고, 남편은 아내를, 할아버지는 손자를 가르치는 '사업'에 열중해야 한다. 13세의 여학도의 말에서도 이를 재확인할 수 있다. 〈인생에 미리 힘쓸 일〉이란 제목으로 13세의 어린 여학도가 여러 부모들 앞에서 말하고 있는 것은 가정과 국가와 사회에 있어서의 '사람의 의무'인데, 그 중 가정의 의무는 "자녀를 좋은 학당에 보내어 모든 학문을 공부시킬 것"으로 요약된다(『대한매일신보』, 1907.9.8~10). 근대계몽기 '가족'이 갖는 중요한 특징 중의 하나는 가족이 '자녀'를 통해 '국가'의 중요한 기관으로 조망되고 있다는 점이다. 가정교육에 대한 계몽의 기획은 이것을 더욱 공고히 하고자 하는 것이었다.

그런데 이러한 가족의 기능은 학교의 탄생에 의해 가능했다. 학교는 다수의 인민을 국민으로 거듭나게 하는 역할을 함과 동시에 가족에도 상당한 영향을 미쳤다. 근대계몽기 교육의 장은 일반적으로 '가정'과 '학교'와 '사회'로 대별되었다. 그리고 가정교육에는 특히 학교교육과의 연계가 강조되었다.

청년은 교육하기가 실히 어려우니 대범 교육은 가정에서 교육을 잘 받은 연후에야 학교에 가서도 교육을 잘 받으며, 학교에서 교육을 잘 받은 연후에야 사회의 교육을 잘 받을지어늘, 이제 가정에서 교육을 잘 받은 청

년이 몇 사람이나 되는가. 그런즉 교육을 발달하는 데 근본 되는 가정교육
을 어찌 힘쓰지 아니리오.

—〈여자교육에 대한 의견〉, 『대한매일신보』, 1909.10.28

이 글에 따르면 학교교육과 사회교육의 성공과 실패 여부는
가정교육에 달려 있다. "가정교육으로 근본을 삼아 젖 먹을 때
부터 교육을 잘하면 정대하고 근실한 사람"이 되므로 "가정교
육은 동몽(童蒙)의 제일 교육"이 될 만큼 중요하게 여겨졌다(『제
국신문』, 1906.12.22). 근대계몽기 가족은 이처럼 가족의 구성원을
국민으로 만들기 위한 교습의 장이 되어야 했다.

그러나 이러한 가정교육은 어디까지나 학교교육을 위한 준비
단계였지 그 자체로 의미 있는 것은 아니었다. 계몽주의자들은
자녀가 학교에서 국민으로서의 훈육을 잘 받기 위한 전단계로
서의 가정교육의 필요성을 역설한다. 이는 조선시대 가정교육의
목적과는 사뭇 달랐다.

어화 우리 학도들아 가정교육 받을 적에 충의지심 뼈에 박혀 영웅사업
하잤으니 국가에다 헌신키로 삼척장검 빗기 차고 군사학에 입학하여 호남
아가 되어보세

—〈시사평론〉, 『대한매일신보』, 1909.8.12

학교교육과 가정교육의 새로운 배치는 가족에 새로운 의미를
부여한다. 가정과 학교의 연계는 매우 중요한 의미를 갖는데,
왜냐하면 이러한 구도가 가정이 그 자체로 독립적인 '장'이 아
니라 '학교'와 연계된 기관이라는 것을 의미하기 때문이다(홍일
표, 1997 : 286). 다시 말해, 이러한 구도는 가정을 학교와 비등(比

等)한 단위로 만들고 있는데, 이때의 가정은 전통적인 '가(家)'와
는 개념을 달리한다. 적어도 계몽담론 안에 나타나는 가정은 학
교와 연계됨으로써 근대국가를 성립하기 위한 장의 성격이 강
조되며, 기존의 전통적인 가(家)와는 뚜렷이 구분된다.

이처럼 근대계몽기 가족은 국가주의의 실천단위로 규정되고,
가족구성원 모두에게는 국가를 염두에 둔 삶을 살아야 한다는
당위성이 부여되었다. 『대한매일신보』는 1908년 3월 12일부터
22일까지 총 9회에 걸쳐 잡보란에 〈가정주의〉라는 제목의 흥미
로운 기사를 연재한다. 각각의 기사는 위생, 교육, 인사, 의복,
음식, 혼인, 상례, 사상, 자조자천조론(自助者天助論)의 소제목 아
래 가족 안에서 실천해야 할 문명의 규율을 소개하고 있다. 여
기에서 계몽의 담당자들이 건설하고자 했던 가족의 일면을 읽
을 수 있을 뿐 아니라, 가족이 계몽의 규율을 실천해야 하는 단
위로 조망되고 있음을 알 수 있다. 예를 들면, 가정에 화초를 심
고, 요강을 없애고, 환기를 시켜야 하며, 매일 인사는 "일기가
좋소" 혹은 "밤이 좋소"로 해야 하며, 의복은 "심흑색"으로 해야
한다는 매우 사소하고도 미시적인 규율에서부터 자녀교육, 남녀
평등사상, 혼인과 상례 같은 통과의례에 이르기까지 가정에서
실천해야 할 문명의 가르침을 전하고 있다. 〈가정주의〉는 자조
자천조론(自助者天助論) 즉 "하늘은 스스로 돕는 자를 돕는다"는
소제목의 기사로 연재를 맺는다. 이 글은 비사맥(비스마르크)이
수렁에 빠진 친구를 도와주는 일화를 소개하고 있다. 수렁에 빠
진 비사맥의 친구가 그에게 도움을 구하였으나, 비사맥은 오히
려 친구에게 총부리를 겨누면서 어차피 죽을 목숨이니 내가 대

신 죽여주겠다 하며, 이에 격분한 친구가 '죽을 힘'을 다해 수렁을 빠져나온다. 그제야 비사맥은 "그대가 그대의 힘을 다하지 아니하였으면 어찌 살기를 바라리오. 하늘은 자기가 구하고 자기가 돕는 자를 구조하"는 것이라고 말하면서 '자력'을 강조한다(『대한매일신보』,1908.3.22). 이처럼 계몽지식인들은 수렁에 빠진 조선을 구할 수 있는 것은 자강력이라고 여기고 있었고, 바로 그 힘은 가정에서부터 길러져야 한다고 주장했다. 가족은 문명의 규율을 통해 '국가화'되어야 했으며 그것은 '국가주의'를 실천하는 것으로 요약된다.

따라서 근대적 규율로 가족을 재정비하고, 그것을 바탕으로 국가를 형성하고자 했던 바로 이 지점이 가족이 '국가' 혹은 '사회'를 구성하는 기본단위로 자리매김하는 곳이라 할 수 있다. 이것은 역으로 말해 자강력을 갖춘 국가는 개별 가족의 '문명화'의 실천을 통해 완성될 수 있다는 것이다. 가족이 사회의 기본단위라 함은 곧 사회라는 집단은 무수히 작은 '가족'의 합으로 이루어진다는 것을 의미한다. 이런 논리에 따른다면, 사회 혹은 국가의 '문명화'는 가족의 '문명화'를 통해 달성될 수 있는 것이다.

지금까지 가족이 사적 영역으로, 그리고 국민을 생산하는 기관으로 재발견되는 과정을 살펴보았다. 가족은 이렇게 계몽의 영토로 편입되었다. 계몽의 기획이 도달하고자 하는 최종 목적은 근대국가의 수립이었고, 이는 국민의 역량에 의해 달성될 수 있는 것으로 간주되었다. 국민을 낳고 양육하는 가족이 갖는 의미는 대단히 중요할 수밖에 없었다. 따라서 국가를 구성하는 단위로서의 '가족', 국민을 낳는 단위로서의 '가족'은 새로운 문명의 규율에 의해 재규정되어야만 했다.

4. '가족주의'의 해체와 부활

완전한 근대국가상을 제시하고자 했던 근대계몽기 담론장에서 '가족주의'는 '국가주의'와 첨예한 대립구도를 보인다. 계몽지식인들이 주조하고자 했던 '국민'은 엄밀히 말해 국가주의로 무장한 국민을 의미하기 때문에 가족과 국가의 대립구도는 가족주의와 국가주의란 지점에서 더욱 첨예하게 드러난다. 이제 계몽담론 안에서 가족주의가 어떤 식으로 나타나고 있는지를 살펴보고 이것이 궁극적으로 어떤 결과를 초래하였는지를 고찰해보고자 한다.

국가와 국가주의의 탄생이 바로 가족과 가족주의에 대한 인식의 변화를 가져왔기 때문에, 먼저 계몽담론이 생산해내는 국가와 국가주의의 내용을 살펴볼 필요가 있다. 대표적인 민족지인 『대한매일신보』의 국가에 대한 열정은 일상의 모든 것을 국가로 수렴할 만큼 뜨거웠다. "일신의 모발이나 심력을 다 국가에 바쳐야 될 때"(『대한매일신보』, 1909.1.5)는 말이 보여주듯이 『대한매일신보』는 창간 이래 거의 모든 논설에서 국가를 전면에 내세우고 있다. 『대한매일신보』를 비롯한 대부분의 민족지들도 국가를 "날마다 부르기를 마지 아니"하였다. 이들은 개인을 국민으로 전환시키는 일을 국가의 건설과 직결되는 것으로 여기고 있었다. 그리고 '국민 만들기'라는 '계몽의 기획'은 '국민자격'이란 말로 구체화된다.

> 무궁화야 무궁화야 사천년을 전해도는
> 예의동방 이아닌가 우리동포 일심되어
> 국민자격 배양하고 선왕유풍 목욕하여
> 너와같이 무궁하자
> (…중략…)
> 무궁화야 무궁화야 구미각국 유람하여
> 문명풍기 받은후에 강장력을 양성하여
> 괄목상대 하는날에 상등국민 새로되어
> 너와같이 무궁하자
>
> —〈시사평론〉, 『대한매일신보』, 1908.8.6

"사람마다 급히 깨어 열강국의 모범으로 국명사업 성취하고 상등인물 되는 것이 국민자격 아니리까"(『대한매일신보』, 1908.7.30)라는 주장에서 알 수 있듯이, '국민자격'은 개인이 '국가정신'을 몸 속 깊이 내면화하는 것을 뜻한다. "국가의 흥하고 망하는 것이 다만 그 나라 국민의 독립정신이 있고 없는 데 있"(『대한매일신보』, 1908.2.8)다는 논조는 국가정신이 얼마나 강조되고 있었는지를 잘 보여준다. 또 "그 나라의 혼만 잃지 아니하면 비록 천변만화의 기괴 수단으로 압제를 행할지라도 소용이 없"(『대한매일신보』, 1908.5.2)다는 지적은 국가를 위하는 정신이 국가의 존멸(存滅)을 결정지을 만큼 중요하게 여겨졌음을 대변하고 있다. 이

때 강조된 국가정신은 민족의 독립할 정신, 자유할 정신, 생존할 정신, 굴복치 아니할 정신, 국권을 보전할 정신, 국가 위험을 발양할 정신, 국가의 영광을 빛나게 할 정신 등이었다. 당시 계몽지식인들에게 이러한 국가정신으로 무장하는 것 즉 '국가주의'의 내면화는 한인(韓人)이 마땅히 지켜야 할 당위의 규범이었다(『대한매일신보』, 1909.6.18).

근대국가에 대한 열정은 가족으로 하여금 새로운 역할을 모색하도록 추동했는데, 그 중 대표적인 것이 앞서 살펴본 '교육'이었다. 교육이 강조되면서 당시 몇몇 문중세력이 학교를 설립하였다. 그런데 가문은 가족주의의 결정체인 반면에 학교는 국가주의를 실천할 수 있는 유용한 도구이다. 따라서 근대계몽기의 시대적 요청에 부응하여 문중들이 자신들의 자제들을 위하여 세운 '가족학교'에는 가족주의와 국가주의가 혼재되어 있을 수밖에 없었다. 이러한 가족학교를 계몽지식인들은 어떻게 바라보았을까.

『대한매일신보』는 청주의 신씨들이 자제를 교육하기 위하여 학계를 설시(設始)한다고 전하면서 그 학계의 통감 신태휴가 종중(宗中)에게 전포(傳布)한 권고문의 전문을 싣고 있다. "교육이 오늘날 급선무"이기에 "우리 자제와 우리 문중과 우리 국가를 사랑할진댄 이 교육에 있으니 우리 종족들은 실심으로 힘쓸" 것을 강조하는 이 권고문에서 신태휴는 교육을 국민된 분자의 의무라 주장하면서 이것으로 문중의 이름을 높일 수 있다고 말한다(『대한매일신보』, 1908.6.5). 여기에서 알 수 있듯이 가족학교의 당위성은 국가와 문중에 이익이 될 것이라는 데 있었다. 문중 중심의 가족학교 설립에 대한 '소식'을 전하고 나서 며칠이 지난 후 『대한매일신보』는 가족교육에 대한 장점을 소개한다. 이 글의 필자는 "가족교육에 유지하신 제군자여 교육의 범위는 적은 가족(곧 동종)을 유지케 함에 한정할지라도 교육의 정신은 큰 가족(곧 국가)을 유지케 함에 항상 둘지어다"라고 하면서 가족교육의 목표가 국가에 있어야 한다는 부언을 잊지 않는다(『대한매일신보』, 1908.6.11).

그러나 이러한 가족학교에 대한 논평은 시간이 지나면서 점점 부정적으로 바뀌기 시작한다. 위에서 인용한 글의 필자는 앞서 말한 '신씨 학회'를 포함하여 일련의 가족학교가 설립되는 것은 국가가 아니라 "가족을 위하는 풍속이니 어찌 국민의 자격을 갖춘 자의 할 바"라고 하면서, "가족 생각은 뇌수에 박히고 지방주의는 창자에 새겨서 국민의 자격을 양성치 못하면 어찌 경쟁하는 세계에 서리오"라며 되묻는다. 그는 가족학교가 국가를 위한 학교가 아니라 가족 즉 문중만을 위하는 학교라고 하면서 다음과 같이 비판한다.

> 가족교육을 찬성함이 아니라 다만 교육의 발달함을 찬성함이요, 또 매양 권고하기를 적은 가족의 사상을 버리고 큰 가족 국가의 사상을 두며, 한 집의 조상만 위하지 말고 여러 집의 조상되는 단군을 위하며, 한 집 자손만 사랑하지 말고 곧 전국의 조상 단군의 자손까지 사랑하며, 한 집안 재산만 아끼지 말고 전국 재산을 아끼라 한 말을 여러 번 본보에 기재치 아니하였는가. (…중략…) 나의 이 의론은 가족의 설립한 학교를 타파코자 함이 아니라 가족사상으로 발기한 학교를 평론만 함이로다. (…중략…) 일편 정신이 대한 전국에 있으면 누가 그 가족교육이라 비평하리오
> ─〈가족사상을 타파함〉, 『대한매일신보』, 1908.9.4

당시 계몽지식인들이 가족학교에 반대했던 결정적인 이유는 가족학교가 가족사상을 중시하고 있다고 판단하였기 때문이다. 이러한 논지는 "가족학교 설립하니 없음보다 낫거니와 박람해야 슬기 밝어 학문상에 요긴한데 한 집 속에 문견으로 사회출두 어찌하나 고루함이 흠절이오"(『대한매일신보』, 1908.9.1)라는 비평에서도 확연하게 볼 수 있다. 가족의 개명이 나라에 커다란 영향을 미칠 수 있음에도 불구하고 지식인들은 가족사상에서 출발한 학교는 국가사상으로 발전할 수 없다고 보았기 때문에 가족학교에 대해 부정적이었다. 가족은 국가주의의 실천단위가 되어야 했는데, 문중이 설립한 가족학교가 가(家)의 이익을 목표로 한다면 그것은 계몽의 논지에서 볼 때 무의미한 것이었다.

한편, 국가주의와 가족주의는 언제나 대립적 구도로만 배치되지는 않았다. 국가가 곧 '집'='가족'이라는 논리를 펼칠 때 가족과 국가의 이분법적 분할의 구도는 순식간에 해체된다.

> 대저 나라는 곧 일개 큰 집이라. (…중략…) 동서에 널려 있는 각국이 모다 저의 민족이 그 나라를 잃으면 곧 그 집을 잃음과 같으며, 그 나라를 보존하면 곧 그 집을 보존함과 다름이 없느니라. 이 대한제국으로 의론할지라도 아시아 동방에 높이 세운 일개 큰 집이라. 곧 대한 민족의 주접(住接)하는 집이로다.
> —〈나라는 곧 일개 큰 집〉, 『대한매일신보』, 1909.5.13

계몽담론에서 국가는 '가족' 혹은 '집'이 된다. "국가는 곧 한 집 족속을 크게 말한 바"라고 주장하는 다음의 글에서는 국가와 집을 동일시하고 있다.

시조 단군이 태백산에서 탄생하사 이 나라를 개창하사 후세 자손에게 깨쳐 주시니 삼천리강토는 곧 그 집 산업이오, 사천년 역사는 곧 그 집 족보며, 역대 제왕은 곧 그 집 종통이오, 지경을 둘러있는 산호는 곧 그 집 울타리라. 오직 이 이천만 자손이 여기서 나서 여기서 자라고 여기서 함께 살고 여기서 함께 의지식지하고 여기서 즐기고 싫어함을 함께 하나니 집과 나라가 무엇이 다르리오 (…중략…) 그런고로 가라대 국가는 곧 큰 집의 족속이라 하는 바니, 오호라, 이 말이 비록 친근하나 오늘날 한국 국민의 깊이 생각할 바니라.

—〈국가는 곧 한집 족속이라〉, 『대한매일신보』, 1908.7.31

이 글은 국가를 구성하는 모든 것을 가족으로 설명한다. 즉 단군은 시조이고, 국토는 그 집의 산업이며, 역사는 족보이며, 역대 대왕은 종통이며, 영웅호걸은 어진 자손이며, 도적과 탐욕한 수령은 "불초한 자손"이라는 얘기다.

뿐만 아니라 국가를 '나라집'으로 부르는 데서도 계몽담론의 의도를 확인할 수 있다. '국가(國家)'가 '국(國)'과 '가(家)'가 합쳐진 말이라고 할 때 '국'은 곧 나라가 되고 '가'는 곧 집이 된다. 따라서 국가(國家)를 '나라집'이라고 일컫는 것이 그리 낯선 개념은 아니었을 것이다.

임금과 정부와 백성이 그 나라에 대한 지위는 비록 다르나 그 흥하고 망하며 이하고 해하며 근심하고 즐겨함은 일반이라. 이제 임금과 백성을 물론하고 나라집의 책임을 당하여 만일 한 가지라도 잘못하여 나라가 나라된 체면을 손상하면, 그 토지와 권리를 보전치 못함은 고사하고 그 한 몸의 생활함도 능히 못할 것이요, 다만 일신의 생활함을 능히 못할 뿐 아니라 그 이름도 이를 좇아 멸망할지니, 이러므로 사람마다 나라를 사랑하는 성심은 자연히 생하는 바이라.

—〈애국하는 성심〉, 『대한매일신보』, 1907.10.20

국가를 '나라집'으로 지칭함에 따라 국가는 '집'이 되고, 국가의 구성원은 가족구성원이 된다. 가족을 국가로 발전하기 전단계의 미완성체로 보고 있는 상황에서 계몽지식인들은 왜 국가를 집으로 등치하고자 하였을까? 그것은 한마디로 말한다면 사람들의 집, 가족에 대한 애착을 '국가애'로 발전시키기 위해서였다. 다시 말해 국가의 중요성, 국민의 도리의 중요성을 설명하는 데 비교적 친숙한 '가족주의'를 적극 이용하고자 한 것이 계몽의 기획이었다. 이러한 의도하에 씌어진 위의 글은 계속해서 '나'라는 개인의 이름은 사라질 수 있지만 '가문'은 사라지지 않을 것이기에 '김씨', '이씨'라는 가문이 멸망한 나라의 가문이 되는 수치를 모면하기 위해서라도 국가는 필요한 것이라고 주장한다.

'나라'는 "한 집안과 일반"(『대한매일신보』, 1909.9.12)이며, "우리 대한국은 한 집이요, 우리 국민은 모두 형제"(『대한매일신보』, 1908.8.6)라는 주장은 계몽담론에서 매우 익숙한 수사이다. 대한제국을 '대한민족'이 주접(住接)하는 집으로 설명하는 구도 아래에서 '가족주의'는 화려하게 부활한다.

> 우리 한국은 자래로 전국 토지도 한 집의 사사 재산이오, 전국 인민도 한 집의 사사 종이며, 나라의 일도 그 집의 사사 일이오, 나라의 재정도 그 집안의 사사 걱정이며, 나라의 수치도 그 집안의 사사 수치라. 인민은 감히 나라 일에 참여하여 듣지도 못하였음으로 국가가 무엇인지 인민이 무엇인지 알지 못하였으니 어찌 경쟁을 알리오
>
> —〈국민경쟁의 대세〉, 『대한매일신보』, 1910.8.5

국토와 인민과 국사 등을 모두 집안의 대소사로 설명하고 있는 위의 글은 암묵적으로 맹목적인 집에 대한 헌신을 강조하면서 가족주의의 부활을 촉구하고 있다. 이때 가족주의의 부활은 철저하게 국가주의를 위한 수단이어야 했다. 다시 말해 가족주의는 '국가는 곧 집'이라는 논리 아래 국가주의의 당위성을 제공하는 논리적 바탕이 되었던 것이다.

이처럼 근대계몽기 지식인들은 집이 구성되는 원리에 입각하여 국가를 구성하고자 했다. 국가에 대한 이러한 계몽의 기획은 가족을 부인하는 것으로부터 시작하여, 국가의 당위성을 유지하기 위해서 가족을 적극적으로 끌어안는 것으로 끝나고 있다. 즉 계몽담론은 가족을 부인함으로써 국가를 주조하고자 하였으며, 동시에 국가의 당위성을 가족의 논리에서 찾고자 하였다. 이처럼 가족은 근대계몽기 국가의 모습을 명확히 드러내기 위한 바탕이 되었다. 문명의 산물인 국가는 야만의 산물인 가족이라는 개념이 있은 후에 가능한 것이고, 공적 영역으로서의 국가의 성립은 사적 영역으로서의 가족이 있기 때문에 자신의 영역을 확보할 수 있는 것으로 계몽지식인들은 인식한 것이다.

조선사회에서 가족과 가족주의는 통치의 원리로 사회를 구성하는 핵심적인 역할을 담당하였다. 그러나 계몽의 기획에 의해 탄생한 국가와 가족은 모순적 관계에 놓인다. 국가의 탄생을 위해서는 기존사회의 중추적 원리인 '가족'은 사라져야 했으나 동시에 '국가'의 당위성을 위해서는 '가족'과 '가족주의'는 반드시 필요한 것이기 때문이다. 이러한 연유로 계몽담론 안에서 가족주의는 해체와 부활을 반복했던 것이다.

5. 에필로그

다음 『두견성』에서 보여주는 '가족'의 모습은 당시 사회에서
매우 이질적인 것이라 할 수 있다.

> 아이는 창 밖에서 주저주저하다가 일시에 문을 열고 들어와서 여기저기
> 벌여놓은 신문축(新聞軸)을 어려움 없이 밟으면서 곧 부장의 의자로 달려
> 들어, 남학도는 오른편으로 오고 계집아이는 왼편으로 와서 산악(山嶽)같
> 은 부장의 무릎에다 턱걸이를 하고,
> (아이) "아버지!"
>
> —『두견성』,『한국신소설전집』5권 : 385~386면

아들과 딸 모두 조금도 어려워하지 않고 주저 없이 달려들어
'산악과도 같이 거대한' 아버지의 품에 안기는 위의 장면은 지
금 우리의 가족의 모습과 크게 다르지 않다. 여기에서는 아들과
딸의 차별을 발견할 수 없을뿐더러 아이들 위에 군림하는 아버
지의 모습도 찾아볼 수 없다. 이것은 근대가족의 전형적인 모습
이다.

『두견성』의 이 장면은 근대계몽기 가족의 변화에 간과할 수
없는 매우 중요한 점을 시사하고 있다. 아버지가 '엄부(嚴父)'의

이미지를 탈피하여 자녀의 '턱걸이'로 자신의 무릎을 기꺼이 내어주기 위해서는 절대적으로 '의자'와 '신문'같은 서구의 문물을 필요로 했다. 이것은 근대계몽기 서구문물의 유입이 가족을 새로운 인식의 장(場)으로 이동시키고 있었음을 의미한다.

지금까지 우리는 계몽담론 안에 나타난 '가(家)', '가족', '가정', '집'이라는 기표를 추적해 보고, 이 기표가 의미하는 것은 무엇이며, 이것이 어떤 맥락 아래에서 나타나고 있는가를 살펴보았다.

잘 알려져 있다시피 국가의 형성을 목적으로 삼았던 계몽지식인들은 국가는 국민에 의해서 만들어지는 것이라 여겼고, 교육을 통하여 백성이 국민으로 교화될 수 있다고 생각하였다. 계몽지식인들은 사회의 전 영역을 국가주의로 구성하고자 하였다. 그들에게 국가주의는 개인적인 측면에서 볼 때 개인의 뇌수에서 죽음 이후의 '혼'까지, 물리적인 영역으로 말한다면 '끝없는 대우주'로까지 무한궤도를 달려야 하는 것이었다.

근대계몽기 가족에 대한 논의는 언제나 '국가' 혹은 '국가주의' 위에서 전개되었는데, 이때 국가와 가족의 관계는 새로운 질서체계에 의해 재정의되었다. 야만시대의 산물인 가족은 문명시대의 산물인 국가에 비해 열등하고 미성숙한 것으로, 가족과 국가의 관계는 어린아이와 어른의 관계로 규정되었다. 계몽담론에서 가족은 수직적 위계질서의 정점에 놓인 '국가'를 향해 진화해야 할 것이었다. 또 계몽담론은 '국가'를 '부모국'으로 지칭하면서, 국가를 '부모'와 같은 존재로 규정하고자 하였다. 국가가 부모가 되면 가족이 국가에 '효'를 다해야 한다는 논리가 가능해지기 때문이었다.

이렇게 계몽의 영토 안으로 편입된 가족은 새로운 의미를 부여받는다. 먼저 주목할 만한 변화는 가족이 사적 영역으로 자리매김되었다는 점이다. 가족은 공적 영역인 국가와 대립되며 '사사로운' 사적 영역이 되었다. 가족이 '국가화'를 통해 공적 영역으로 변화하여야 한다는 주장은 이미 가족은 사적 영역이란 전제가 있었기 때문에 가능하다. 또 공(公)을 위해 사(私)는 기꺼이 소멸해야 할 것이었으며, 가족은 국가를 위한다는 전제를 받아들일 때에만 그 존재근거를 확보할 수 있었다. '부재'해야 할 가족은 국민을 기르는 기관이 됨으로써 존재의의를 지닐 수 있었던 것이다.

계몽지식인들이 사사로운 영역으로서의 가족은 소멸되어야한다는 논지를 펼치는 와중에도 가족주의를 국가의 완성을 위해 절대적으로 필요한 것으로 인식했다는 사실은 간과할 수 없는 의미를 지닌다. 이 시기 지식인들은 사사로운 이익을 도모하고자 하는 가족사상은 타파되어야 한다고 하면서도, 동시에 국가를 '나라집'이라 하여 국가를 집과 같은 것으로 배치함으로써 가족주의를 국가주의와 동일한 것으로 재규정하고자 했다. 이러한 논리 때문에 가족주의는 해체와 부활을 반복해야만 했던 것이다.

이처럼 근대계몽기 가족에 대한 지식인들의 시각은 이중적이었다. 국가의 필요에 의해 가족은 호명되기도 하였고, 동시에 배제되기도 하였다. 조선시대 가족이 개인의 삶을 완성할 수 있는 절대적인 장이었던 데 비해, 계몽담론이 주조한 가족은 과거의 가족과는 엄청난 괴리가 보이고 있었다. 계몽지식인들에 따르면 가족의 당위성은 국가에 의지하고 있었으며, 따라서 가족은 '미완의 장'이었다. 계몽담론에서 가족은 사사로운 영역이었고, 국가주의를 실천해야 하는 하위 단위가 될 수밖에 없었다.

제2장 조혼타파론과 근대적 가족윤리의 모색

1. 근대계몽기 가족제도의 균열

　조선사회가 근대로 이행하는 시점인 근대계몽기는 조선의 대
내외적 위기가 증폭된 시기이면서 동시에 그 어느 시대 못지 않
게 새로운 출발을 위한 의지가 고양된 시기였다. 내부적으로 유
교적 지배질서가 급격히 붕괴되고 있는 한편 진기한 문물을 앞
세워 밀려들어오는 열강의 침탈 앞에 조선은 존폐의 위기에 처
해 있었다. 이러한 위기를 극복하고자 했던 청년개화인들은 진
보적 관료로 진출하여 위로부터의 개혁을 진두지휘하면서 중요
한 사회세력으로 성장하고 있었고, '개화'는 척사위정파를 제외
하고는 서구의 수용을 당위적인 것으로 여겼던 대부분의 지식

인들에 의해 조선의 당면과제로 떠올랐다.

이러한 시기에 '가족'은 개화되어야 할 대표적인 장이었다. 문명한 개화국인 서구의 가족제도가 조선에 소개되면서 남존여비의 남녀관과 이를 바탕으로 한 내외법, 축첩제, 과부의 개가금지, 조혼 등의 가족제도는 비난을 면할 수가 없었다. 전통적인 가족제도의 타파는 조선이 문명사회에 진입하기 위한 선결과제였다. 지식인들은 인습에 젖은 가족제도를 비판하면서 그 제도에 담긴 윤리의식의 타파를 주장하였고, 이것은 다시 조선이 지향해야 할 새로운 가족윤리의식을 제시하는 것으로 이어졌다. 다시 말해 유교적 질서에 입각한 기존의 가족윤리의식이 서구의 새로운 윤리의식으로부터 거센 도전을 받기 시작한 것이다.

그 가운데 조혼(早婚)은 계몽지식인들로부터 가장 거센 비판을 받은 가족제도 중 하나였다. 조혼이 성행했던 데에는 일반적으로 경제적 요인이 제일 컸지만, 사대부가의 조혼은 대부분 가계(家系)의 안정성과 밀접한 관계를 가지고 있었다. 조혼은 가계를 이을 적자(嫡子)를 쉽게 생산할 수 있는 방법이었을 뿐만 아니라, 결혼을 통해 맺게 된 인척간 동맹은 가문의 세력을 유지하고 확장하는 데 중요한 기제가 될 수 있었다.

근대계몽기에 조혼은 매우 보편적인 혼속(婚俗)이었다. 그러나 일상에서 조혼의 폐해는 대단히 심각했으며, 갑오경장 개혁안에는 조혼을 금한다는 내용이 포함된 것도 개혁론자들이 그 심각성을 인식했기 때문이었다. 조혼 금지론자들은 유교적 질서에 의해 짜인 조선의 가족윤리의식을 비판하면서 새로운 가족윤리

를 제시했다. 그렇다면 계몽지식인들은 어떤 이유를 들어 조혼
을 비판했을까? 그리고 그 비판은 가족윤리의식에 어떤 변화를
가져왔을까? 이제 조혼을 둘러싼 논의를 고찰함으로써 계몽주
의자들이 새롭게 지향해야 할 것으로 간주했던 근대적 가족윤
리의식의 일단을 살펴보기로 한다.

2. 조혼, "대한 풍속의 제일 악습"

조선 초 위정자들은 남녀의 바람직한 혼인연령을 법으로 규
정하여 조혼이나 혼기를 놓침으로써 발생할 수 있는 사회문제
를 방지하고자 하였다. 조혼의 폐습을 금지하기 위한 허혼연령
(許婚年齡)을 처음으로 규정한 것은 세종 22년의 일이다. 당시 의
정부는 조혼의 폐해를 언급하면서 『주자가례』에 명시된 연령에
준해 법정 혼인연령을 정할 것을 요청하였다. 그리하여 남녀 각
각 16세와 14세 이상으로 허혼연령 범위가 규정되었고, 이후 세
조 연간에 남자 14세, 여자 13세 이상으로 그 연령이 낮춰졌다
가 『경국대전』에서 남자 15세, 여자 14세로 『주자가례』에 준하
는 수준으로 환원되었다(장병인, 1997 : 205~206).

조선사회에 조혼을 막기 위한 법이 제정되었다는 것은 곧 당
시에 조혼이 만연하였고 이로 인한 문제들이 빈발하고 있었음
을 뜻한다. 조혼이 일반화된 주요한 계기는 먼저 원나라의 공녀

요구에서 찾을 수 있지만, 조선왕실의 간택을 위한 금혼령 또한 조혼을 더욱 부추겼다. 조선의 왕실은 왕가 자녀의 배우자를 얻기 위하여 전국에 금혼령을 내리고 초간(初揀), 재간(再揀) 그리고 삼간(三揀)에 걸쳐 배우자를 결정한 이후에야 이를 해제하였다. 언제 내려올지 모르는 금혼령은 사대부가를 포함하여 민가에서 조혼을 더욱 성행하게 하는 주요한 원인으로 작용하였다. 이러한 요인 이외에도 조혼은 가계계승자를 확보할 수 있는 유리한 조건이 될 수 있었다. 당시 상중금혼(喪中禁婚)과 혼인의 범위를 제한한 동성동본 금혼제도 등으로 인하여 혼인 시기를 놓치는 경우가 있었는데, 조혼은 이러한 혼인실기에서 비롯될 수 있는 불이익을 미연에 방지하기 위하여 더욱 촉진되기도 하였던 것이다(김두헌, 1935 : 309~321).

이러한 과정을 통하여 조혼은 일반적인 혼인관행으로 자리 잡는다. 특히 조선후기로 접어들수록 '부계적 가족주의'의 전통이 확고해짐에 따라 양반가에서는 계사(繼嗣)를 위한 조혼이 행해지고, 점점 더 피폐해지는 경제적 상황 때문에 일반인들은 딸을 팔거나 며느리를 사는 등 생존을 위한 방편으로 조혼을 선택하기도 하였다.

그러나 근대계몽기에 이르러 조혼은 "대한 풍속의 제일 악습"(『독립신문』, 1899.6.20)으로 규정된다. 당시의 열악한 경제상황은 조혼을 부채질하고 있었는데, 어린 여아의 매매와 매매혼을 지탄하는 다음의 글에서 저간의 사정을 유추할 수 있다.

그런즉 딸을 파는 자나 사는 자가 다 일반이거늘, 슬프다, 우리나라 여

6세 여아는 70량, 7세는 80량, 10세 이상은 수백 량으로 나이
에 따라 값이 매겨진다는 기사(『제국신문』, 1901.3.25)에서도 당시
여아의 매매와 매매혼의 정도를 짐작할 수가 있다. 매매혼의 형
태를 띠고 있는 여아의 조혼은 가족의 생존을 위한 것이었다.
계몽지식인들은 이러한 조혼을 "제일 악하고 괴폐한 풍속"(『대한
매일신보』, 1907.12.11)으로 규정하면서 이를 근절하기 위한 계몽활
동을 전개하였다.

근대계몽기의 조혼금령은 1894년 수립된 개화파 정부에 의해
단행되었다. 즉 "남녀의 조혼을 엄금하여 남자는 20세, 여자는
15세에 이르러서 비로소 결혼을 허할 것"이라는 의안을 갑오경
장 개혁안에 포함시켜 최소한의 결혼 연령을 정부가 제시한 것
이다. 그러나 15세만 되어도 혼인이 늦은 것으로 생각하면서
"팔구 세에 혼인하는 사람이 무수"(『제국신문』, 1907.10.12)한 것이
당시의 실상이었기 때문에 이는 현실성이 없는 법조문이었다.
따라서 1907년 8월 15일 순종은 다시 "조혼금지와 혼인이 가능
한 연령에 대한 범위"(『순종실록』 순종 1년 8월 14일)에 관한 조칙을
내려야만 했다.

을 내리사 가라사대, 인생이 삼십에 아내를 두며 이십에 시집감을 옛적 삼대의 성한 법이거늘, 근래에 일찍 혼인하는 폐로 국민의 병원(病源)이 막심한 고로 연전에 금령을 선포하였으되 지금까지 실시치 못하였으니 (…중략…) 유신(維新)하는 때를 당하여 풍속을 개량(改良)함이 가장 급히 힘쓸 바이다. (…중략…) 남자의 나이 만 십칠 세와 여자의 나이 만 십오 세 이상으로 비로소 가취(嫁娶)하되 각별히 준행하여 어김이 없게 하라. (…중략…) 만일 남자나 여자의 나이를 모년(冒年 : 나이를 속임 ― 인용자)하든지 혹 관보에 반포하기 전이라 하여 오늘내일 불복일 행례를 하는 자 있으면, 이는 왕령을 봉행치 않는 역신일 뿐더러 국가사회의 큰 죄인이라 하노라.

―〈봉독성조(奉讀聖詔)〉, 『제국신문』, 1907.8.17

"나라를 근심하는 선비가 혹 문장을 지어 신문과 잡지에도 기재하며 혹 연설도 하고 어떤 단체에서는 정부에 헌의(獻議)도 하되 종시 시행이 되지 못하여 항상 한(恨) 되는 바"(『제국신문』, 1907.8.17)라는 신문기사가 말하고 있듯이, 당시의 지식인들은 조혼제도의 부당함과 조혼금지의 당위성을 널리 알리는 계몽활동을 활발히 전개하면서 중앙정부를 향해 조혼을 금할 수 있는 법안을 강력히 요구하였다. 이러한 노력의 결실이 바로 순종의 조혼금지 칙령이다. 이때 조혼금지 조칙이 다시 반포된 데에는 대한자강회의 역할이 컸다. 1906년 7월 13일 대한자강회 임시평의회는 여병현의 시안으로 "여자는 만 16세, 남자는 만 18세 이전의 가취(嫁娶)를 불허"하도록 정부에 건의할 것을 가결하여 참정대신 박제순에게 건의서를 제출하였다. 이때 정부 측에서는 이미 을미년(1895)에 내각에서 조혼금지의 안을 결정하였는데 아직 실행되지 않고 있으니 이의 실행을 위한 방법이 무엇인가를 물었다. 그때 심선성은 다음과 같이 대답했다.

을미년에 결정한 의안이 있어도 내각 결의안이요, 차 법률로 반포하였
을지라도 다년을 실행치 아니하였으면 법률이 자별에 지하였음이니, 다시
법령으로 반포한 연후에야 그 효력이 유한 줄로 생각하옵나이다.
—『대한자강회월보』 2권, 1906.7, 63면.

이 건의서가 채택되어 남자는 만 17세, 여자는 만 15세 이상
이라야 가취(嫁娶)할 수 있다는 순종의 조서가 내려진 것이다(김
용옥, 1982 : 41).

그러나 조혼금지를 위한 법제정과 지식인들의 노력에도 불구
하고 대대로 내려오던 조혼의 습속(習俗)은 쉽게 사라지지 않았
다. "지금 우리나라 인민의 정도로 관찰하건대 지금 남자 십칠
세 여자 십오 세 혼인하라신 조칙도 문구가 될 뿐이요, 정부의
당국자들부터 시행하지 아니하"(『제국신문』 1907.10.13)고 있다는
지적은 당시의 실상을 그대로 보여주고 있다. 순종의 칙령은 지
배층뿐만 아니라 일반인에게도 영향력을 미치지 못하였다. 오히
려 15세 이하의 조혼을 "일절 엄금하기로 결정"(『경남일보』, 1910.
6.5)한 중앙정부의 강경책은 "불복일(不卜日)"에 혼례를 치르거나
혹은 정부의 눈을 피해 "밤에 몰래 혼인"을 하는 등 혼인 형식
의 기형적 변화만을 가져왔을 따름이다(『황성신문』, 1907.8.23;『제국
신문』, 1907.9.19;『황성신문』, 1909.9.3).

3. 헤아릴 수 없는 조혼의 폐단

근대계몽기 조혼론을 주목해야 하는 이유는 조혼을 둘러싼 일련의 논의들을 통하여 새로운 가족윤리를 발견할 수 있기 때문이다. 지식인들이 조혼에서 비롯된 구체적인 해악을 지적한 것은 조혼폐지의 당위성을 공고히 하고 나아가 새로운 가족관계를 모색하기 위해서였다. 망국을 막기 위한 가장 시급한 과제로서 조혼타파를 주장하는 주시경의 다음 글은 조혼의 해를 구체적으로 열거하고 있다.

> 일찍이만 혼인하는 것은 낙이 되기는커녕 고생과 걱정투성이를 만드는 것이라. 생명의 잔약함과 인종이 줄어드는 것과 무식함과 곤구함과 게으름과 각색질병과 사망과 집안에 불화함과 자질이 패가망신함과 시모와 며느리의 다툼과 인척간에 싸움과 내외간에 소박과 여자의 간통과 도망과 남자의 외입과 복첩과 노름과 잡류됨과 도적됨과 유의유식함과 친척에게 폐를 끼치는 제반 악증이 다 일찍이 혼인하는 폐에서 근원되어 퍼져 나오는 고로, 이렇게 악하고 무식하고 조잔한 가정이 합하여 그 나라가 쇠잔한 병이 들어 망함에까지 이르는 것이 다 일찍이 혼인하는 폐에서 생기거늘, 이 근원은 바로 잡지 아니하고 말류의 다른 일만 고치고자 하면 공연히 힘과 세월만 허비할지니, 지금 후로는 먼저 일찍이 혼인함을 그치고 공부를 넉넉히 하며 살림할 만한 재산을 장만하고 기혈과 골육이 아주 충장한 후에 혼인하여 집집마다 각각 잘 다스려 화락하고 부유하여 인종이 왕성하며 나라가 부강문명하게 할지라.
>
> —〈일찍이 혼인하는 폐〉, 『가정잡지』, 1년 4호, 1906.9

이상의 설명에 따르면 모든 가족 문제가 조혼에서 비롯된다.

조혼을 바로잡지 않고 다른 것을 계몽하고자 하는 것은 세월만 허비하는 일이다. 주시경을 비롯한 계몽지식인들에 있어 조혼은 이처럼 가족의 화락(和樂)과 국가의 부강을 위해 반드시 근절되어야 하는 것이었다.

조혼으로 인한 구체적인 해는 1909년 『황성신문』에 실린 〈조혼의 폐해를 통론함〉이란 논설(『황성신문』, 1909.9.3; 9.4)에서도 여실히 드러난다. "나라를 망하게 하고 민족을 멸하게 하는 장본"인 조혼의 해는 다음 일곱 가지로 요약된다.

① **인종의 감소**: 조선의 인종이 타국과 같이 증식치 못하고 감소하는 원인은 조혼의 폐로 말미암은 것인데, 즉 선천적 품부(稟賦)가 완실(完實)하지 못하고 체격이 건강하지 못하여 인구가 점점 감소하고 있다.

② **인재의 결핍**: 뇌수가 충실하여야 활발한 정신과 심원한 지혜가 생기게 마련인데 조혼으로 유소년 시절 완고(完固)치 못한 뇌수를 손상하니 정신이 결핍되고 지혜가 얇고 짧아 위대한 인물이 성취하지 못하고 있다.

③ **교육의 추락**: 교육의 시발점이 되는 가정교육을 위해서 부모는 자녀교육의 방법을 공부하여 자녀를 계도하고 배양해야 한다. 그러나 조선에서는 조혼으로 말미암아 부모의 도리도 모른 채 자녀를 양육하고 있으며, 따라서 가정교육의 근본이 없게 되고 자연히 학교교육과 사회교육도 불완전하게 되어 국민의 교육이 추락하고 있다.

④ **산업의 조잔**(凋殘): 산업은 지식을 자담하고 기력을 자노(自勞)하여 생활을 자모(自謀)하는 능력이 있고 의뢰하는 사상이 없

어야 산업을 풍족하게 할 수 있는데, 조혼으로 인하여 나이 스물만 넘으면 벌써 자식이 있어 그에게 의지하려고만 하니 조선에서 산업의 발전을 기대할 수 없다.

⑤ 지기(志氣)의 박약 : 청년시절에는 각자의 천부의 성품대로 성현이나 영웅호걸 혹은 학문가와 사업가를 자기(自期)하므로 평생 결과가 이 시기에 기초하고 있는데, 조혼으로 말미암아 불과 16세에 처와 자식이 있는 직분이 되어 그 넓은 지기를 규문 안에서 소진하기 때문에 남아의 지기를 박약하게 한다.

⑥ 가정의 괴화(乖和) : 혼인을 진중히 하여 배필을 택함으로써 가정의 화기를 보전할 수 있다. 따라서 가정의 화목을 위해서는 자녀의 배필을 구할 때 그 덕성과 품행을 살펴보아야 함이 마땅하나 조혼으로는 이것을 살필 수 없다. 왜냐하면 덕성과 품행의 덕목은 성인 이상이 되어야 알 수 있기 때문이다. 따라서 조혼으로 가정의 화기가 손상되고 사회와 국가에 미치는 영향이 크다.

⑦ 책망(責望)의 과중 : 서양제국의 풍속은 30~40세까지는 유년의 자격으로 대우하면서 유년의 예절로 책망하기 때문에 대기만성의 효과가 있는데 이는 조혼이 없기 때문이다. 그러나 우리는 스무 살 이전의 사람을 장성자(長成者)의 자격으로 대우하고 장성자의 예절로 책망하니 조발선위(早發先萎)의 결점이 있게 된다.

이상에서 제기된 조혼의 해악은 조혼타파론의 논리적 근거를 대표하고 있다. 윤치호 역시 대한자강회 연설에서 조혼의 폐해를 첫째, 체육상의 대해(大害)로, 조혼으로 말미암아 "음양조통(陰陽不通)"으로 자식을 일찍 얻으나 과반수가 요절하며 또 술·담배를 일찍 배워 건강이 상하게 되며, 둘째, 지육(智育)상의 대해로, 여아는 시집살이에 골몰하고 남아는 어른 노릇에 치의(馳意)하여 학문에 무가(無暇)하게 되며, 셋째, 도덕상의 대해로, 일찍 결혼함으로써 일찍 과부가 되는 참상이 빈번하며 내외간 금슬이 좋지 못하는 것과 여인을 천대하는 습속으로 말미암아 가정이 문설(紊藝)하게 되는 것 모두가 조혼에서 비롯된 것이 다반사이며. 넷째, 경제상의 대해로, 문명국의 사람은 자기의 처자를 보양할 만하여야 처를 얻기에 개인이 독립적인 반면에 우리의 경우 어린아이가 유처유자(有妻有子)하여 천근같은 부담감으로 용진(勇進)의 마음이 사그라지고 당장 탈 없이 편안함만을 추구함으로써 의뢰의 습속이 생겨나고 이것은 국가적으로 볼 때 커다란 손실이라고 설명하고 있다(『황성신문』, 1906.7.23).

조혼은 어린아이들의 신체적 건강을 상하게 하고, 완전히 성장하지 못한 성인이 자녀를 낳음으로써 쇠잔한 국민을 양성하게 된다. 또 부모의 강제에 의한 조혼으로 원만한 부부관계를 갖지 못할 뿐 아니라 부모역할을 제대로 수행하지 못하여 자녀를 제대로 길러 낼 수가 없다. 그리고 어린 시기에 부여된 부부와 부모의 역할은 사회적 활동의 걸림돌이 될 뿐 아니라 교육의 기회조차 빼앗는다. 조혼의 폐해는 이렇듯이 개인, 가족, 국가의 전 영역에 걸쳐 있었다. 이로 인한 일련의 문제가 곧 국가의 존립을 위태롭게 한다고 하면서 그들은 조혼 폐지의 당위성을 강조했다. 그런데 조혼 폐해의 열거는 단지 조혼이 부당한 이유를 설명하는 것에 그치는 것이 아니라 당시의 가족 윤리적 상황의 변화를 예고하고 있어 주목된다. 조혼이 타파되어야 한다고 말하는 것은 조혼에 수용된 윤리 의식의 타파를 의미하는 것이고, 이러한 주장에는 곧 새로운 윤리 의식이 내포되어 있기 때문이다.

4. 근대적 가족윤리 의식의 지평

조혼은 조선후기 가부장적 질서의 강화, 열악한 경제적 상황 등으로 인하여 보편적인 혼인 관습이 되었다. 1906년 윤치호의 대한자강회 연설에서 당시 '유해무익'한 조혼이 왜 흔한 일상이 되었는지 그 동인(動因)을 유추해 볼 수 있다. 윤치호는 사람들은 조혼으로 자손을 빨리 얻을 수 있어 75, 6세면 "오대자손이 만당(滿堂)"하는 조선인의 "일대희망"을 꿈꿔볼 수 있으며, 택혼(擇婚)이 용이하여 남보다 먼저 "가랑미규(佳郎美閨)"를 얻을 수 있으며, 노예와 달리 박의(薄依)와 악식(惡食)에도 불평하지 않고 복역(服役)에만 몰두하는 며느리를 얻음으로써 유용한 노동력을 확보할 수 있고, 유치한 신랑신부의 앙증맞은 재미를 볼 수 있기에 노인의 "환락(歡樂)"이라고 하면서 당시 사람들이 공유하고 있던 "조혼의 이(利)"를 전하고 있다(『황성신문』, 1906.7.23).

이러한 "조혼의 이익"은 유교적 가족윤리를 반영하고 있다. 즉 조혼으로 가계계승자를 일찍 확보할 수 있다는 말에서 '적자(嫡子)' 생산의 단위로서 그 의미가 강조되는 '부부관계'의 일면을 엿볼 수 있다. 또 조혼이 배우자 선택을 용이하게 한다는 지적에서 혼인이 신랑신부보다는 양가 부모의 뜻에 따라 이루어 졌음을 알 수 있다. 이는 가문의 만남으로서의 혼인의 성격을 단적으로 드러내는 것이다. 유용한 노동력을 확보할 수 있는 며느리의 복역(服役)이나, 신랑신부의 앙증맞은 재미, 노인의 환락은 모두 부모나 가(家)의 관점에서 조혼을 바라보고 있으며, 이런 점에서 개인으로서의 자녀보다는 부모와 가족 전체의 이익이 우선시되고 있었던 것이다.

"조혼의 이익"에 대한 비판은 곧 조혼에 담긴 윤리의식의 비판을 뜻한다. 이제 조혼타파론에서 새롭게 열리는 가족윤리의식의 지평을 살펴보기로 한다.

1) 결혼의 주체는 신랑신부다

조혼은 혼인 당사자들의 의견이 반영될 수 없는 억혼(抑婚)이라는 이유로 신랄한 비난의 대상이 되었다. 조혼은 신랑 신부의 뜻이 아닌 전적으로 부모에 의해 이루어지는 혼인이었다. 계몽 지식인들은 부모의 '재미'를 위해 10여 세 된 아이들의 '남혼녀가(男婚女嫁)'하는 조혼을 '억혼(抑婚)' 또는 '압제혼(壓制婚)'이라 단정짓고 이를 다음과 같이 비판했다.

> 조혼하는 악습이 사람에게 극히 해로운 것은 이루 말할 수 없거니와, 부모가 자녀 간에 혼인을 언론할 때에 장래 百년을 해로할 두 사람은 서로 모양이 어떠한지 자질이 어떠한지 피차에 보지도 못하며 알지도 못하고 다만 부모의 임의로 매파를 내어 정혼한 후에 주단과 택일을 보내고 받았

다가, 그 후에 들은즉 낭자가 병신이라 하든지 규수가 극현(極賢)치 못하다 하면 그 때 가서는 혼인을 파의하라고 무한히 힐난하는 이도 있고, 만약 그렇지 아닐지라도 남녀 간에 다만 부모의 명령만 순종하여 부부가 되었으나 당초에 생소한 면목으로 일조에 만났음에 차차 장성할수록 서로 사랑할 마음이 점점 쇠하여 아내가 남편을 속이고 박대하는 이도 간혹 있거니와, 흔히 남자가 제 아내 대접하기를 구수(舊讐)같이 하여 심한 자는 서로 대면치 않는 이가 많이 있을 뿐 아니라, 열에 팔구는 부부간에 화순하지 못한 까닭으로 집안에 쟁힐(爭詰)하는 폐단이 층생첩출(層生疊出)하여 필경은 집이 멸망하는 지경에 이르니, 이것은 다름 아니라 혼인할 때에 부부될 사람들이 서로 사랑하는 마음으로 작정한 것이 아니요, 다만 부모의 지휘로 배필삼기를 경홀이 함이니 어찌 탄식할 곳이 아니리오
—〈혼인론〉, 『독립신문』, 1899.7.20

윗글에서 말하는 조혼 폐해의 핵심은 혼인에 당사자들인 신랑신부의 의견이 전혀 반영되지 않았다는 점에 있다. 또다른 『독립신문』의 논설은 집에 하인을 하나 두려 할 때에도 몇 년에 걸쳐 그 됨됨이를 본 후에야 비로소 "친밀히 부리"는데 남편과 아내가 되어 "서로 사랑하고 공경하며 미쁘게 평생을 같이 살자"하는 소중한 약속인 혼인을 단지 "남의 말만 듯고" 하니 어떻게 이 약속이 성실히 행해질 수 있겠느냐고 하면서 억혼으로서의 조혼을 다음과 같이 비난하고 있다.

조선 모양으로 서로 모르는 사람들끼리 사람의 평생에 제일 소중한 약조를 하고 아내 같은 소중한 직무와 남편 같은 큰 직책을 서로 맡기니, 첫째는 모르는 사람들끼리 어찌 참 사랑한 마음이 서로 있으며 또 혼인하기를 아이들끼리 하니 이 아이들이 무슨 지각이 있어 사나이가 아내를 대접할 줄을 어찌 알며, 계집아이가 남편이 무엇인지 알 묘리가 있으리오 사람이 스물 이삼세가 되어야 겨우 지각이 나고 세상이 어떤 줄을 알고 옳

고 그리고 자기가 무슨 일을 하는지 아는 것을 조그마한 어린아이들을 압제로 혼인을 시켜 서로 살라 하니 이 아이들이 어려울 때에 혼인이 무엇인 줄 모르고 부모가 하란 대로 하였거니와 지각들이 난 후에는 후회하는 사람들이 많이 있는지라. 그런고로 음심 있는 사나이들은 첩을 얻고 음행하는 폐단이 생기는 것은 다름이 아니라 자기의 아내를 참 사랑하지 아니하는 것이요, 조선 여편네들을 압제로 풍속을 만들어 하고 싶은 말도 못하게 하는 까닭에 속이 분하고 원통한 일이 있어도 감히 말을 못하니 이런 부부 사는 집안이 어찌 화목하며 복이 있으리오

—『독립신문』, 1896.6.6

위 인용문의 필자는 억혼에 의한 조혼이 불행한 부부관계를 만드는 원인이라는 점에 주목하고 있다. 지식인들은 아들딸을 귀한 줄로만 아는 부모들이 "대가리에 피도 아니 마르고 입에서 젖내가 나는 어린것들을 조혼"시킴으로써 조선에 "불화한 내외가 비일비재"하여 열에 아홉의 부부가 "내소박을 하느니 외소박을 하느니" 하고 있다고 하면서(『해안』, 『한국신소설전집』 4권 : 267~268) 부부갈등의 씨앗으로서 조혼을 비난해 마지않았다.

그리하여 근대계몽기 조혼론은 억혼으로서의 조혼이 타파되어야 한다고 주장하는 것에 그치지 않고, 원만한 부부관계를 위한 새로운 결혼윤리의식의 필요성을 제기한다. 그것은 의혼 즉 배우자 선택의 과정에 혼인 당사자인 신랑과 신부의 의사가 반영되어야 한다는 것이었다.

所謂 夫婦가 結婚할 時에 兩家父母나 或其堂內親屬이 恣意行之하야 夫와 婦가 서로 彙裏一面之分이 曾無한 者로 彼此善惡心情을 知할 수 萬無하거늘 洞房火燭侜微夜에 生面不知初人事로 百年同居에 孝養父母와 敦睦兄弟之極重한 職務를 擔任하니 如此히 輕忽沒廉한 事가 有하며 外貌와 中

情이 兩人眼目에 恰滿할 理가 容易하리오 然故로 첫날 疎薄하는 者 多有
하야 或者는 相離하며 或者는 名稱 큰夫人이라하고 深閨에 牢囚하고 平
生不顧하야 生産을 永杜하야 自絶嫡嗣하며 使其妻로 終身拘冤케 하며
妓生갈보 等을 作妾作樂하니 爲其夫人者에게만 積惡할 뿐이 아니요, 生
命損에 大關係가 何如하며 未熟한 孩兒를 婚娶하는 까닭에, 二十前 靑
孀이 許多하고 寡婦되면 依例히 守節하야 生育을 永絶하니 寡婦된 者에
私情만 可矜할 뿐 不啻라.

―『서우』8호

위의 글 역시 혼인의 과정에 결혼 당사자들의 의견이 수렴될
통로가 갖춰지지 못한 혼속을 비판하고 있다. 즉 부부가 될 남
녀가 서로에 대하여 모르는 상태에서 결혼하게 되어 양인이 다
흡족할 리가 없는 것은 매우 당연한 것이라고 하면서 '백년동
거'하는 귀중한 관계를 맺는 혼인이 단지 양가 부모와 당내 친
속들만의 '자의'로 이루어지고 있음을 안타까워하고 있다.

따라서 조혼을 비판하는 글들은 혼인에 있어 신랑신부의 의
사가 반영되어야 한다고 하면서 신랑신부가 자신들의 결혼의
주체가 되어야 할 것을 제안한다.

여보, 근일에 조혼을 금한다지요. (未婚者)
그렇다오 나는 염려 없소 벌써 혼인 했으니까. (已婚者)
그런데 나는 걱정이오 염려는 없지마는 어떤 여자하고 혼인하는 것이
좋을지. (未婚者)
으―응 부인의 자격이오 그건 내가 지내보니까 제일 몸이 건강해야 하
겠습디다. 제이는 마음자리가 좋아야 하겠습디다. 제삼은 언문자라도 좀
알아야 하겠습디다. 제사는 얼굴도 좀…. (已婚者)
그렇지만 그것을 어떻게 아오 (未婚者)

별수 없이 보고 정하는 것이 제일입니다. (已婚者)

―〈혼인문답〉, 『황성신문』, 1907.8.22

기혼자와 미혼자의 대화를 재미있게 담고 있는 위의 글은 개명한 사회에서 배우자를 선택할 때에는 배우자의 건강, 마음자리, 교육 정도 등을 기준으로 삼아야 하며, 이러한 것들은 당사자들 간의 만남을 통해 확인되어야 한다고 말한다.

이는 결혼 당사자의 의사가 혼인에 반영되어야 함을 강조하는 것으로 해석할 수 있다. 또한 이 주장의 이면에는 혼인이 성인의 통과의례가 되어야 한다는 생각이 숨어있다. 따라서 성인의 통과의례로서 혼인이 자리잡기 위해서는 혼인을 새롭게 정의해야 할 필요가 있었다. 그것은 성인의 신랑신부가 혼인의 주체자가 되어야 한다는 것으로 수렴된다. 이러한 관점은 혼인이 가문의 사건이 아니라 '개인의 인생사건'으로 조망되어야 한다는 당위성을 포함하고 있는 것이었다.

2) 부부관계 또는 화목한 사회의 기초

유교사회에서 부부는 남녀관계의 '결합'을 의미하면서 가계계승을 위한 합법적인 통로로 간주되었다. 그리고 "인간의 낙사(樂事)는 부부에 과할 자"(『황성신문』, 1899.5.12)가 없었다. 그러나 '유자생여(有子生女)'를 통해 인간된 도리를 다하고 인간으로서의 행복을 얻을 수 있는 필요조건인 부부관계는 전체 가족관계속에서 큰 의미를 부여받지 못하였다. 부부는 가계(家系)를 이을 적자(嫡子)를 생산하는 하나의 단위였으며, 개인의 만남이 아닌 가문의 만남이 강조되는 혼인은 배우자 당사자의 의견이 반영될 수도 없었다. 시집가는 여성에게는 '아내'보다는 '며느리'로서의 역할이 훨씬 더 강조되었다. 며느리는 인고의 세월을 거치면서 자신의 아들이 가계계승자의 지위를 굳힌 후에야, 그 아들 즉 가장의 어머니로서 자신의 입지를 넓힐 수 있었다. 그러므로 남편과 아내의 역할과 지위는 아들이자 며느리 혹은 아버지이자 어머니로서의 역할과 지위에 비해 위축될 수밖에 없었다. 그러나 이러한 부부관계를 규정짓는 유교적 윤리의식은 근대계몽기에 이르러 강력한 도전에 직면한다.

통과의례로서의 혼인은 개인에게 새로운 지위와 역할을 부여하고 그에 걸맞은 역할수행을 요구한다. 혼인을 하는 남자와 여자는 자연스럽게 '남편'이란 지위와 '아내'라는 지위를 갖게 되고 그에 합당한 역할을 수행해야만 한다. 그러나 조혼타파론에 따르면, 어린 남녀가 남편노릇, 아내노릇을 수행하기란 처음부터 불가능하다. 계몽지식인들은 소학교에서 한창 공부에 열중해야 할 아이들에게 "아내를 거느리고 남편을 데리고" 살라 하는 조혼 풍속을 두고, "그 아이들이 무슨 지각이 있어 남편노릇을 할 줄 알며 아내노릇을 할 줄 알" 것이냐며 개탄한다(『독립신문』, 1898.2.12). 조혼으로 부부가 된 어린아이들은 "인간 부부의 쾌락한 참 재미"를 알 수 없다는 것이다(『독립신문』, 1899.10.7). 지식인들은 혼인이란 "남녀 간에 살림을 능히 할 만한 연후"에 하는 것이라고 말하면서(『독립신문』, 1898.3.24), 특히 처와 자녀에 대한 남편의 부양의무를 강조한다. 남편에게는 "불가불 그 아내와 그 생기는 자녀를 보전"하고 "그 집에 어른"이 되어야 하는데 철도 없고 공부도 부족한 어린 남아가 이를 수행하기는 어려운 일이다(『가정잡지』, 1년 4호, 1906.9). 그러한 능력이 없는 아이가 아내를 얻는 것은 "세상에 몹쓸 고생"이 될 수밖에 없다는 것이다(『독립신문』, 1898.2.12).

이와 같이 부부의 역할과 그 수행상의 문제점을 지적하고 있는 당시의 논의는 혼인이 가족과 사회와 국가가 성립하는 데 가장 기본적인 단위임을 전제하고 있다. 이것은 부부관계의 중요성을 강조하는 다음의 글에서도 잘 나타난다.

집안이 화락치 않고 만사가 잘 되는 자 없도다. 안녕 행복의 방해가 이에서 더 큰 것이 없고 또 그 중에 제일 관계가 크게 있는 것은 혼인하는 일이라. 세상에 사람이 생긴 후에 남녀간 합하여 배필이 되지 아니하면 가족의 사회를 이룰 수도 없고 인류가 번성하여 국가 사회도 될 수 없고 기타 천만 사위의 경영도 없을 것이요, 인(人) 세상에 자연이 있는 복락을 누릴 수도 없나니, 부부의 관계가 그렇게 중대한즉 그 부부되는 절차를 제일 주의하여 소홀한 폐가 없게 하는 것이 가위 인세상의 큰 근본을 안다 할 것이요, 또한 부부란 것은 남남끼리 합하여 평생을 동락하고 자손을 생육하여 문호를 보전하고 가정을 전하는 일인즉 어찌 범연이 생각할 바리오 남녀가 장성하여 신랑 신부의 지각이 넉넉한 후에 그 재덕을 서로 비교하여 그 부모와 신랑 신부 마음에 일호라도 결점이 없은 후에 성혼하는 것이 가위 근본을 알아 행한다 할 것이요, 결단코 부부의 백년대계와 가문의 큰 근본 되는 일을 다만 매파의 전언만 신청하든지 강보에 싸인 어린 중에서 취할 것은 아니로다.

—〈가정지남〉, 『가정잡지』 1년 7호, 1907.1

이 글의 필자는 부부관계의 중요성에도 불구하고 그 혼인의 절차는 "소홀하기 그지없다"고 하면서, 혼인이 성인의 통과의례가 되어야 한다며 그 당위성을 설명하고 있다. 즉 혼인이 성인들의 의례이어야 함에도 불구하고 조혼을 행함으로써 어린 부부가 남편과 아내로서의 역할을 수행할 수 없을 뿐만 아니라, 이것이 곧 가정의 불화로 이어지고 있다는 것이다. 부부관계의 안녕이 곧 가족과 사회의 안녕으로 이어진다는 논리에서 가족 안에서 아들과 며느리의 지위 안에 함몰되어 있던 남편과 아내의 지위와 그 관계의 중요성이 대두되고 있음을 알 수 있다.

또 앞서 살펴보았듯이 부부갈등을 양산하는 원인으로 지적받았던 억혼으로서의 조혼에 대한 비난은 혼인에 있어 혼인당사자들의 의사가 수용되어야 한다는 주장으로 이어진다. 이러한 주장은 궁극적으로 부부관계의 중요성을 강조하는 효과를 낳는다. 전통적인 유교적 윤리의식에서 혼인은 "장차 두 집안이 좋게 합하여 위로는 종묘를 섬기고 아래로는 후사를 잇는 것"(『내훈』)으로 그 주된 목적이 가계계승자의 생산에 있었다. 그러므로 아내의 주요 임무 중의 하나는 가계를 계승해 나갈 아들의 생산에 있었고, 무자(無子)는 여자의 가장 큰 악행으로 여겨질 수밖에 없었다. 따라서 결혼생활에 있어 부부간의 친밀함은 '부계적 가족주의'에 비춰볼 때 큰 의미가 있는 것은 아니었다. 그런데 근대계몽기에 이르러 부모의 뜻과 강권에 의해 이루어지는 혼인은 '억혼' 혹은 '압제혼'으로 비난받았다. 이 비난에는 자녀의 결혼이 가부장을 중심으로 한 부모의 독단으로 결정할 수 있는 일이 아니라는, 달라진 결혼윤리의식이 내포되어 있었다. 이는 새로운 부부윤리의식을 주창하기 위한 근본적인 바탕이 되었고 가족관계에서 부부관계가 점하는 지위와 그 역할의 중요성을 강화하는 배경이 된다.

3) 부모의 소유물에서 사회의 공물로

조혼타파론에서 비난의 화살은 조혼을 강제하는 부모를 겨냥하고 있다. 이는 조혼을 '가계'의 영속화를 도모하고자 하는 부모에 의한, 부모만을 위한 혼인으로 보았기 때문이다. 계몽지식인들은 아직 털도 덜 마른 어린 남녀들을 혼인시켜 부모의 무릎 아래에서 쌍쌍이 놀게 만들고, 이것을 다른 무엇과 견줄 수 없는 인간의 "제일 낙사(樂事)"라고 칭하는 부모를 향해 "생각하지 못함이 어찌 그리 심"하냐면서 강도 높게 비판한다(『독립신문』, 1899. 10.7). "조혼의 이익은 개인적인 일이고 조혼의 폐해는 국가적인 일"(『황성신문』, 1906.7.23)이라고 할 때, 여기서의 개인은 '부모'를 의미한다. 그러므로 당시의 시대적 과제인 '문명개화', '부국강병' 앞에서 "국가와 인민에게 큰 해"가 되는(『제국신문』, 1907.9.19) '부모의 이(利)'는 설 자리를 잃을 수밖에 없었다. 자식에게 미치는 해악은 생각하지 못하고 단지 자신의 재미와 이익만을 위해 조혼을 강행하는 부모는 이기적인 부모의 전형이라 하기에 손색이 없었다.

급기야 당시의 혼속을 언급하고 있는 『녀자지남』의 다음 글은 조혼을 "인간 제일의 죄"로 단정짓는다.

우리나라의 습관을 볼진대 부귀를 겸전하여 호화롭게 지내는 사람들은 자손이 십 세만 겨우 지나면 이성의 친함을 행하여 슬하의 재미를 보는 것이 인간 제일 낙으로 아나니, 이것이 좋은 것이 아니라 그 원인을 깊이 생각하면 인간 제일 죄를 지음이라 하나니, 비컨대 한 사람이 감나무를 심고 날로 김매고 북돋우어 잘 기를 새 몇 해를 지낸 후에 가지가 번성하고 잎이 무성하여 꽃이 피어 열매가 맺는지라. 그 사람이 이것을 보고 희한히 여기여 급히 홍시 되기를 기다릴 새 자기 생각과 같이 되지 아니함을 한탄하여 급히 홍시를 만들 새 푸른 감을 따서 염수에 담가 두고 홍시 되기를 고대할 새 수일 후에 그 감이 붉었는가 자세히 본 즉 붉기는 고사하고 썩은 냄새가 촉비(觸鼻)하는지라. 그 사람이 이것을 보고 그 이치를 알지 못하여 근심하였다 하니 격언이로다. (…중략…) 성미의 조급함을 인하여 허다 노력한 것이 일조에 귀허(歸虛)할 뿐 아니라 도리어 지각없는 자가 되었으니 진실로 개탄할 바이라. 이와 같이 조혼하기 좋아하는 사람은 자기 생전에 재미 보기만 원하고 장래 자손의 해됨은 생각지 아니함이 이에서 더 심한 바 있으리오

        —〈혼인의 이해론〉, 『녀자지남』, 1권 1호, 1908.4

당시 계몽지식인들에게 조혼을 강행하는 부모는 푸른 감을 염수에 담가 홍시 되기를 기다리는 것만큼이나 어리석은 사람으로 인식되었다. 푸른 감을 억지로 홍시로 만들려는 것으로 조혼을 비유하는 것은 당시에는 익숙한 수사였다. 『독립신문』역시 조혼을 "아직 익지 못한 푸른 감을 지레 따서 소금물에 담가 그 단맛과 그 일찍 붉을 것만 탐하고 그 감이 썩고 패하여 버려지가 나는 것은 깨닫지 못하는 것"이라 말한다. 이때 주목해야 할 것은 조혼의 우매함을 비난하면서, "이러한 썩고 패하는 화근"이 감나무의 임자 즉 부모에게 있다고 단정 짓고 있다는 점이다(『독립신문』, 1899.7.20). 여기에는 자녀가 부모의 사적 소유물

이 아니라는 새로운 인식이 자리 잡고 있다.

대저 하늘이 사람의 자녀를 만드실 때 천륜만 소중할 뿐 아니라 허다한 의무와 허다한 사업으로 그 부모에게 부탁하여 가르쳐서 세상에 쓰이게 함이요, 결단코 한 사람에게 매임이 아니니, 우리나라 아들 둔 동포여 여러분이 아들을 사랑하여 기를 때에 아들에 덕을 보고자 바라지 마시오 삯을 받고자 바라지 마시오 아들 보기를 내 것으로 보지 마시고 이 세상에 일하러온 일꾼으로 아시고 진실하고 용맹스러운 일꾼을 만들기를 힘쓰시오 참 여러분의 아들이 이 세상을 위하여 피를 흘리며 큰 사업을 하면 이 세상에서 여러분께 삯도 드리고 공도 표하리다. 슬프다, 아들 둔 동포들은 아들은 자기만 위하고 자기만 기쁘게 하고 자기에게만 화초 노릇하게 생긴 줄 아니 어찌 절통치 않으리오 부모 되는 이 아들을 기를 때에 주야 생각하기를 이 자식이 자라나서 나를 잘 봉양하여 의복 음식과 일동일정을 내 비위에 맞고, 내 몸만 편케 하고 내 일평생에 걱정이 없게 하여 나만 위하는 것이 자식이라 하고, 좀 자라 어머니 젖을 면할 만하면 장가를 들여 초립동이 당홍치마가 앞에서 얼른얼른하는 각시 노름을 이 위에 없는 재미로 알며, 좀 있으면 손자 보기를 지성으로 바라고 장래와 세상일은 조금도 생각하지 아니하니 어찌 부모된 이의 할 직분이라 하리오 그뿐 아니라 그러한 자식은 장래 부모가 죽으면 아무 것도 할 능력이 없어 세상에 쓸데없는 물건이 되나니 어찌 아깝지 않으리오 그런고로 아들을 자기의 위로거리로만 생각하고 아들에 장래를 생각지 않는 부모들은 죽을 때에 한 가지로 데리고 가는 것이 오히려 세상을 위하여 유익할 듯하도다.
　—〈자식은 부모만 위하려 난 줄 아는 병〉, 『가정잡지』 1년 3호, 1906.8

위의 글은 자녀는 부모 한 사람에게 매인 소유물이 아니므로 부모가 자녀양육의 대가를 바라거나 혹은 '자녀의 덕'에 자신의 노후를 의지해서는 안 된다고 말한다. 자녀는 "이 세상에 일하러 온 일꾼"이라는 것이다.

이처럼 조혼타파론에서는 자녀양육의 주체가 되는 부모역할의 중요성이 재삼 강조된다. 바람직한 부모 역할은 자녀를 일찍 결혼시킬 것이 아니라 자녀를 가르쳐서 세상에 쓰이도록 하는 것이다. 왜냐하면 자녀는 부모의 소유물이 아니라 사회의 '공물(公物)'이기 때문이다.

자녀를 부모의 소유물로 여기는 태도에 대한 비난은 자녀를 '공물'로 여겨야 한다는 새로운 양육관으로 발전한다.

> 자식의 효도를 받는 것이 어찌 내 몸만 잘 봉양하면 효도라 하리요? (…중략…) 자식이라는 것이 내 몸만 위하여 난 것이 아니요, 실로 나라를 위하여 생긴 것이니 자식을 공물이라 하여도 합당하오
>
> —『자유종』, 『한국신소설전집』 2권, 158

『자유종』에서 국란은 자녀를 사회의 '공물'로 키워야 한다고 역설한다. 이러한 양육관의 변화와 더불어 '자녀교육'이 부모의 가장 기초적인 직무로 떠오른다. 즉 문명한 사회를 이끌어 갈 유능한 인재로 자녀를 양성하기 위해 "학교교육에 힘을 써서 이십여 세까지 그 자식교육을 시키는 것"이 부모의 의무로 부과되기에 이른 것이다(『제국신문』, 1907.10.13). 『독립신문』은 자식을 "한 가지 업과 한 가지 일"에 전념하는 사회적 존재로 기른 후 비로소 결혼을 시키는 것이 부모의 도리이며, 이것이 부모됨의 "쾌락한 참 재미"라고 하면서, 자녀는 더 이상 부모의 안락을 위한 보장책이 아니라고 말한다(『독립신문』, 1899.10.7). "어린아이는 나라에 근본"이기 때문에 아이를 "교육하지 아니하고 귀히 여기기만 하는 것"은 잘못된 것으로 비난받았으며, 이러한 부모는

나라의 안녕을 그르치는 "죄인"으로 지목되기도 했다(『제국신문』, 1899.2.24).

4) 어린이의 권리

조혼이 타파되어야 할 주요한 근거 중 하나는 자녀의 건강을 보호하는 것이었다. "풀의 움이 시초 자라날 즈음에 서리와 눈으로 그 연약한 바탕을 눌러 죽"이는 조혼으로 인해 어린 자녀들이 "평생에 활발한 생기를 다시 회복하지 못하게 되며 이뿐이 아니라 마음과 정신의 신령한 뿌리를 찍어 상케 하여 무슨 생각이든지 더디고 둔하여 피어나지 못"하게 된다는 것이다(『독립신문』, 1899.10.7). 또한 조혼은 자녀 건강을 상하게 할 뿐만 아니라 궁극적으로는 나약한 백성을 양산한다. 나이 어린 자녀가 혼인을 하고, 너무 일찍 '색(色)'을 알게 됨으로써 자녀의 신체적 건강이 손상될 뿐 아니라, 완전히 성장하지 않은 아이들이 자식을 낳음으로써 쇠잔한 백성이 양산된다는 것이다. 다시 말해 조혼이 국가에 미치는 제일 해로운 일은 골격이 덜 자란 아이를 혼인시키고, 그 아이들이 튼튼하지 못한 자식을 낳게 되어 조선에 "사람의 씨가 차차 줄어가는" 것이었다(『독립신문』, 1896.6.6). 자녀가 건강하게 자라기 위하여, 또 건강한 어린아이를 확보하기 위하여 조혼은 근절되어야 하는 악습이었던 것이다.

혼인을 일찍이 하면 첫째로 해됨이 나라 인민의 원기가 주는 것이니 (…

중략…) 천하 만물의 나고 자라고 익는 것이 다 각각 천리의 정한 때가 있나니, 실과나 곡식이라도 익기 전에 미리 먹는 것은 천리의 정한 법을 어김이라. (…중략…) 하물며 만물 중 제일 귀중한 인생이 천리의 성숙하는 때를 어기고 미리 혼인하면 그 해가 얼마나 크겠느뇨 과연 대답하기 어려울지라. 사람이 어려서 혼인하면 약하고 병이 많고 오래 살지 못하며 이런 사람이 일찍이 자녀를 낳고 그 자녀가 또 일찍이 혼인하여 더 약한 자녀를 낳아서 이같이 점점 오랠수록 인종이 차차 조잔하며 연약하고 병이 많아 일을 하여도 씩씩하고 활발치 못하며 공부를 하여도 총명치 못하고 견딜성이 없어 응당 할 것을 능히 감당치 못함으로 나라일이나 제 집안일은커녕 한 몸도 잘 보전치 못하여 심히 가련하고 빈곤한 지경에 이르며 가뜩 어리석고 약한 중 가난을 겸하니 모든 일이 다 구차함으로 기운이 점점 궁축하여 활발한 기상이 없어짐으로 이런 가정들이 모여 사는 나라는 기운이 줄어 쇠잔하는 법이라.
—〈일찍이 혼인하는 폐〉, 『가정잡지』, 1년 4호, 1906.9

근대계몽기의 지식인들은 조선의 인구가 번성하지 못하는 이유를 조혼에서 찾았다. 그들은 어린 남녀의 혼인을 "충실치 못한 열매"를 심은 것에 비유하면서(『가정잡지』 1년 7호, 1907.1), 여물지 않은 열매를 심으면 그 싹이 부실한 것처럼, 장성하지 않은 남녀가 자식을 낳으면 선천이 부족한 것은 정한 이치라고 주장하였다(『제국신문』, 1907.10.12). 건강한 아동이 건강한 성인이 될 수 있으며, 건강한 성인이 다시 건강한 아동을 낳을 수 있다는 우생학적 논리를 기초로 하여 자녀의 건강이 중요한 문제로 대두되었던 것이다. 그리고 이러한 주장은 당시 조선이 처한 위기 상황에서 더욱 설득력 있게 다가왔을 것이다. "천이 물(物)의 경쟁을 택하매 그 경쟁력이 적당한 자는 생존을 득하고 경쟁력이 부적당한 자는 생존이 부득이라"(『황성신문』, 1908.4.8)는 표현에서도 알 수 있듯이, 열강의 틈바구니에서 조선이 살아남는 길은 국가의 경쟁력을 향상시키는 것 말고는 달리 방법이 없었다. 이러한 이유에서 지식인들은 조선의 미래를 이끌어 갈 동량인 아동을 거시적인 안목에서 '보호받아야 할 존재'로 내세웠던 것이다.

자녀의 '몸의 관리'를 언급하고 있던 조혼담론에서 자녀를 '어린이'로 보고, 자녀에게 '어린이기'(김혜경, 1998)를 부여하고자 했던 지식인들의 의지를 확인할 수 있다.[1] 그들은 자녀를 국가의 동량이 될 어린이로 인식하면서 어린이의 인권을 주장하였으며, 그 결과 자녀에게는 어린이로 살 수 있는 '어린이기'란 시간이 허락되기에 이른다. 사실 자녀를 부모의 '소유물'이 아니라 사회의 '공물'로 여겨야 한다는 양육관 역시 자녀를 사회의 '어린이'로 간주해야 한다는 것을 전제로 한 주장이었다. 조혼타파론자들은 가족 안의 자녀가 건강한 성인으로 성장하여 조선의 미래를 짊어질 일꾼이 되어야 하며, 이를 위해서는 반드시 일정한 시간의 '어린이기'가 보장되어야 한다고 말한다. 다시 말해 감나무에서 좋은 열매를 얻기 위해서는 푸른 감이 붉은 홍시로 성장할 수 있는 일정한 시간과 물을 주고 김을 매는 등의 정성이 필요한 것처럼, 자녀가 조선의 운명을 밝게 해줄 사회 구성원으로 성장하기 위해서는 건강한 '어린이기'가 보장되어야 한다는 것이다.

이리 하여 조혼금지는 어린이기를 보장하기 위한 기본적인

---

1) 물론 여기에서 말하는 '어린이'란 식민지 시대 방정환 등이 주창했던 천사와 같이 천진난만한 '어린이'를 의미하는 것이 아니다. 그러나 조혼론에서 읽을 수 있는 어린 아이들에 대한 조망은 이후 근대적 어린이관을 형성하는 데 의미 있는 영향을 미쳤다.

조건이 되었다. 어린이로서 자녀는 혼인을 통해 새로운 가정을 이루고 그 구성원으로서의 의무를 행하기보다는, 학교를 다니는 것으로 사회적 본분을 다해야 했다. 이러한 주장이 실현되기 위해서는 당연히 자녀의 규범이자 백행의 근원인 '효'에 대한 인식의 변화가 필수적이었다. 자녀는 사회적 공물이기 때문에 부모의 봉양에만 힘을 쏟을 수는 없는 노릇이다. 문명한 나라의 자녀는 다음과 같이 말해야 한다.

> 문명한 나라에 와서 문명한 신학문을 배웠으니 문명한 생각으로 문명한 사업을 하지 아니하면 못씁니다. (…중략…) 사람이 부모에게 효성을 하려면 부모 앞에서 부모 봉양만 하고 들어 앉아있는 것이 효성이 아니라, 부모의 은혜 받은 이 몸이 나라와 국민의 의무를 지키고 국민의 직분을 다하는 것이 부모에게 효성이라.
>
> —『은세계』, 『한국신소설전집』 1권, 458

자녀를 '어린이'로 보려는 인식상의 전환은 부모와 사회에 이들에 대한 책임을, 자녀 개인에게는 어린이로서의 권리와 의무를 부여했다. 이러한 책임과 권리 문제는 '교육'으로 수렴되었다. 당시의 지식인들은 자녀에 대한 부모와 사회의 가장 중요한 직무를 학교에서 자녀를 교육시키는 데 두었다. 예컨대 『혈의 루』의 작가 이인직은 구완서의 입을 빌어 자녀교육을 위해 조혼을 폐지해야 한다고 주장한다.

> 내가 우리나라에 있을 때에 우리 부모가 내 나이 열두서너 살부터 장가를 들이려 하는 것을 내가 마다하였다. 우리나라 사람들이 조혼하는 것이 옳은 일이 아니라. 나는 언제든지 공부하여 학문 지식이 넉넉한 후에 아내

도 학문 있는 사람을 구하여 장가들겠다. 학문도 없고 지식도 없고 입에서
젖내가 모랑모랑 나는 것을 장가들이면 짐승의 자웅같이 아무 것도 모르
고 음양배합의 낙만 알 것이라. 그런고로 우리나라 사람들이 짐승같이 제 몸
이나 알고 제 계집 제 새끼나 알고 나라를 위하기는 고사하고 나라 재물을 도둑
질하여 먹으려고 눈이 벌겋게 뒤집혀서 돌아다니는 것이 다 어려서 학문을 배
우지 못한 연고라. …… 남과 같은 학문과 같은 지식이 나날이 달라가는 이때에
장가를 들여서 색계상에 정신을 허비하면 유지한 대장부가 아니라.

—『혈의루』, 『한국신소설전집』 1권, 44

구완서는 단지 음양배합의 낙만 알게 하는 조혼을 "짐승의
짝짓기"에 비유하면서, 조혼은 학문 정진의 방해물일 뿐 아니라
어린아이에게 과중한 책임을 부과함으로써 병리적인 가족이기
주의를 초래한다고 말한다.

근대계몽기 교육은 구국의 열쇠였다. 이러한 사회적 배경은
조혼폐지의 당위성을 더욱 공고히 하였고, 조혼이 가져다주는
이점은 설득력을 잃을 수밖에 없었다. 그리고 이러한 상황은 자
녀가 가정 안에서 갖게 되는 일련의 역할보다는 사회 안에서 기
능해야 하는 역할을 강조하면서 자녀를 사회의 '어린이'로 바라
보게 하는 단서를 제공했다. 자녀는 가족의 한 구성원이라기보
다 사회와 국가의 구성원으로서 '올바르게' 성장해야 할 존재였
으며, 그런 까닭에 '국민된 분자'로서의 책임과 의무를 앞세워
야 했다.

5. 가족윤리와 국가

가계의 안녕을 위하여 어린 아이를 결혼시키는 조혼은 전근대적인 혼속임에 분명하다. 따라서 조혼타파론은 이러한 혼속을 가능하게 했던 윤리의식에 대한 비판에서 출발하였고, 논의 전개 과정에서 '근대적'이라 부를 수 있는 새로운 윤리의식이 생성되었다. 즉 가문의 만남인 결혼, 자신의 배우자를 자신이 선택할 수 없는 억혼, 부부애를 찾기 어려운 부부관계, 가문의 구성원으로 강조되는 자녀 등의 가족제도를 '전근대적'이라고 지칭한다면, 결혼 당사자인 신랑신부가 자신의 배우자를 선택하고, 부부가 가족 내 중요한 관계축이 되어야 하며, 자녀는 부모의 소유물이기 전에 사회의 구성원인 까닭에 '사회적 공물'인 자녀에게 '어린이'의 권리를 부여해야 한다는 주장은 근대적 가족윤리의식의 단초라 할 만한 요소를 담고 있다.

그렇다면 계몽지식인들은 어떤 맥락에서 조혼을 심각한 사회적 문제로 제기했던 것일까? 이를 이해하기 위해서는 열강에 대한 위기의식에 비례하여 근대계몽기 조선인들의 '애국'의 열정이 고조되었다는 데 주목해야 한다. 근대계몽기의 '국가'는 모든 것의 가치를 평가하는 척도로서 정점에 위치하고 있었다.

우리는 한국 사람을 대하여 말하기를 아침에도 국가국가 하고 저녁에도 국가국가 하여 쇠붙이라도 거의 닳게 되었거늘, 이제 또 국가 두 자를 가지고 논하는 것이 우리도 너무 지루하거니와 묻는 자도 또한 지루하리로

다. 그러나 지금 한국 형편을 보건대 (···중략···) 부득이하여 한국 사람의
마땅히 지킬 국가주의라 하는 문제로 우리 동포에게 설명하노라.
　　　—〈한인이 마땅히 지킬 국가주의〉,『대한매일신보』, 1909.6.18

　그리고 이러한 국가중심적 사고는 사회구성원들에게 '애국'
으로 무장한 국민으로 거듭날 것을 요청했다.

　　애고답답 설움이야 이일을 어찌하나
　　목석이 아니어든 나라형세 왜모르나
　　목숨은 살았으나 살았다고 할수있소
　　총소리 나는곳에 유죄무죄 분간없고
　　네모말뚝 꽂는곳에 내땅이라 할수없고
　　정부대관 뫼는곳에 내나라라 할수없네
　　외국의 사람들은 물밀듯 들어오고
　　저사람의 세력범위 불붙듯 치성한데
　　이곳에서 못살자면 저곳으로 간다하나
　　그곳도 몇날후면 또못살게 되겠구나
　　(···중략···)
　　죽어도 이곳이오 살아도 이나라니
　　내나라와 내자손을 보전할 뜻있거든
　　이를갈고 분발하야 우리직분 다해보세
　　애고답답 설움이야 이일을 어찌할꼬
　　죽었느냐 살았느냐 대한에 사람없나
　　죽었거든 살아나고 잠자거든 깨어나소
　　민충정 김봉학은 죽어서 보국이나
　　우리는 죽지말고 오래오래 살아가며
　　죽을힘을 다하여서 나라일을 잘해보세
　　선뜻죽긴 비난일세 자제할것 없을지니
　　어서어서 열심하여 남과같이 문명하여
　　우리권리 찾은후에 태극기를 번듯들고

삶과 죽음은 모두 국가를 위한 애국의 범위 안에서만 그 당위성을 인정받는다. 이런 시대적 배경 아래, 조혼도 비난의 화살을 빗겨갈 수 없었다. 조혼론에서 말하는 근대적 윤리의식 역시 국가의 테두리를 벗어날 수 없었던 것이다. 조혼의 폐지는 "인종이 왕성하며 나라가 부강문명하게 되기"(『가정잡지』, 1년 4호, 1906.9) 위한 필수적인 조건이었다. 특히 앞서 살펴본 조혼의 폐해, 즉 인종의 감소, 인재의 결핍, 교육의 쇠락, 산업의 피폐, 청소년에 대한 과중한 책임, 가정 불화 등은 모두 국가라는 울타리 안에서 지적되는 문제점이었다(『황성신문』, 1909.9.3; 9.4). 이처럼 조혼담론 안에는 '국가'가 끊임없이 개입하고 있었던 것이다.

근대계몽기에 이르러 모든 가치에 우선하는 '국가' 곧 새로운 국민을 요구하고 있었고, 가정은 이러한 국민을 길러내기 위한 장이 되어야 했다. 따라서 조혼금지 등 계몽이 실천되어야 할 장으로서의 가정에 국가가 개입하는 것은 대단히 자연스러운 현상이라 할 수 있다. 가정은 건강한 성인이 그들의 의사가 반영된 결혼을 통하여 구성하는 것이어야 하며, 부부는 '화락한 가정'을 유지하면서 사회와 국가의 발전을 도모해야 한다. 특히 자녀는 더 이상 부모 개인의 소유물이 아니라 사회적 '공물(公物)'이기 때문에 부모가 자신의 이기적인 욕망을 충족시키기 위하여 자녀의 조혼을 강행한다면 이는 국가적인 범죄에 해당한다. 그리고 조선의 작금의 암울한 상황을 밝혀줄 아직 덜 자란 '국민'인 자녀에게는 어린이로서의 권리가 부여되어야 한다. 이것이 당시 조혼을 타파하고자 했던 계몽지식인들의 논리였다. 그들이 보기에 '문명한 가정'의 수립은 부강한 국가를 건설하기 위한 첫걸음이었다.

6. 에필로그

근대계몽기는 국가의 독립을 도모하기 위해 무엇보다 국민의 지식과 능력의 증진이 시급했던 시기이다. 그런데 계몽지식인들은 국민의 "사상의 변이"를 위해서는 "불가불 습상(習尙)"의 갱신이 우선되어야 한다고 보았고(『황성신문』, 1909.2.13), 그 대표적인 것이 가족제도였다. 축첩제, 과부개가금지와 함께 조혼제도는 타파되어야 할 대표적인 가족제도로 관심이 집중되었다.

근대계몽기의 지식인들은 조혼을 조선 제일의 악습으로 규정함과 동시에 조혼의 금지를 현실화할 수 있는 법 제정을 촉구하는 등 조혼타파를 위한 활발한 계몽 활동을 전개했다. 특히 이들은 조혼의 해악을 구체적으로 열거하면서 조혼이 폐지되어야 하는 당위성을 설파하는데, 여기에서 우리는 변화하고 있는 가족윤리의식이 일단을 엿볼 수 있다.

조혼은 신랑신부 당사자의 의견이 전혀 반영되지 않는, 부모에 의한 억혼으로서 비난의 대상이었다. 조혼은 불행한 부부관계를 조장하는 근본적인 원인이었다. 지식인들은 부부간의 화목을 위하여 의혼(議婚)의 단계에서부터 당사자인 신랑신부의 의견을 존중해야 한다고 주장하면서 신랑신부를 결혼의 주체자로 내세우고자 했다. 그들이 보기에 이것이야말로 화목한 가정과 건강한 사회 그리고 부강한 국가를 건설하기 위한 가장 기초적인 작업이었다.

또한 조혼은 어린 나이의 아이에게 남편과 아내의 지위를 부여하고 그 역할을 요구하지만, 실제 이들은 이 역할을 제대로 수행할 능력이 없었다. 계몽지식인들은 이러한 현상을 비판하고 건강한 부부관계의 중요성을 강조하였다. 가계계승자인 '적자'를 생산하는 단위로 여겨졌던 부부관계가 '부부애'를 바탕으로 한 관계로 전환되기에 이른 것이다.

조혼론에서 집중적으로 비난을 받은 사람은 조혼을 강행하는 '부모'였다. 어린 자녀를 혼인시키는 부모는 어리석은 사람이었고, 자신의 이기적 욕심만을 채우는 '국가적 죄인'이었다. 이러한 비난에는 자녀가 부모의 소유물이 아니라 사회의 유능한 일꾼으로 성장할 '공물'이라는 인식이 가로놓여 있었다.

조혼의 가장 큰 폐해는 그것이 자녀의 건강을 상하게 할 뿐 아니라 종국에는 나약한 국민을 양산한다는 것이었다. 계몽주의자들이 부모와 사회에 자녀의 건강을 관리할 책임을 부여한 것도 이러한 이유에서였다. 이제 자녀는 사회적으로 보호받아야 할 존재가 된다. 자녀가 조선의 경쟁력을 강화할 수 있는 유능한 자원으로 성장할 수 있도록 더 이상 어린 자녀에게 남편과 아내 혹은 아버지와 어머니의 역할을 부과하지 않아야 한다. 이는 아동관의 변화를 예고하고 있었다. 어린아이는 나라의 근본이므로, 어린아이를 참으로 사랑하는 것은 이들을 건실한 국민이 되도록 교육하는 것이었다.

다시 한번 강조하거니와 조혼은 철저하게 '국가'라는 척도에 의해 '문제적인 것'으로 규정되었다. 국가중심주의 앞에서 가족과 개인의 욕구는 설 자리가 없다는 것이 근대계몽기의 현실이었다. 조혼을 둘러싼 논의를 통해 발견된 근대적 가족윤리의식에는 국가중심주의가 작동하고 있었다. 억혼과 압제혼, 부자관계에 함몰되어 있는 부부관계, 자식을 자신의 소유물로 여기는 부모의 의식, 권리보다는 의무만이 강조되는 자녀의 도리 등등을 타파하고자 했던 조혼담론은 '근대적'이라 할 만한 새로운 가족윤리를 지향하고 있었다. 그러나 이 모든 것은 '국가'를 위한다는 전제하에서만 그 당위성을 확보할 수 있었다. 조선시대의 가족구성원은 가족 안에서만 그 정체성을 확립할 수 있었는데 이러한 양상은 근대계몽기에도 의연히 지속되고 있었다. 다만 '가족'의 자리를 '국가'가 대체하는 경향이 강화되고 있었다는 점은 눈여겨보아야 한다. 요컨대 근대계몽기 조혼담론에 나타나는 새로운 가족윤리의식은 전통적 가족윤리의식과 차이를 보이고 있지만, 그 작동원리는 대단히 유사한 것이었다고 할 수 있다.

제3장 축첩제, 야만적인 너무나 야만적인

1. 여성의 굴레

근대계몽기 축첩제(蓄妾制)는 조혼, 과부개가금지와 함께 타파되어야 할 가장 대표적인 가족제도였다. 그간에 축첩제에 대한 적지 않은 선행연구가 이루어졌지만 축첩제가 비난받고 있었다는 표피적인 사실 언급에만 그칠 뿐 축첩제의 무엇이, 어떤 논리에 의하여 비판받고 있었는지에 대한 논의는 미흡한 실정이다.

근대가족의 가장 중요한 특징 중의 하나가 '부부애'다. 그런데 이 부부애는 '일부일처'라는 제도를 전제로 하고 있다. 한 남편이 아내를 사랑하면서 동시에 다른 여성을 사랑할 수는 없는 일이기 때문이다. 이런 관점에서 본다면 당시의 축첩제에 대한 논의는 한국가족의 변화양상을 이해하는 데 중요한 실마리를 제공할 것이다.

'과정'과 '실천지향'의 언어수행을 의미하는 담론의 효과는 '사회적 각본'의 생성이고, 이 사회적 각본은 일상을 통제하는 힘을 발휘하는 하나의 틀로 정립된다. 이러한 측면에 주목한다면 근대계몽기 가족을 둘러싼 담론의 분석은 '역사적 구성물'로서의 가족, '동태적인 특성'을 수반하는 가족을 이해하는 데 필수불가결한 작업이라 할 수 있다. 또한 현재 한국의 가족구조가 보여주는 특징은 단적으로 전통성과 근대성이라는 시간적 및 공간적 거리를 지니고 있는 '비동시적' 측면이 '동시'에 나타나는 양태라 할 수 있는데(이정옥, 1997 : 180), 이러한 전통과 근대의 혼거 즉 '비동시적인 것의 동시성'이야말로 현재의 가족이 앓고 있는 질병의 근본적 원인이라고 할 수 있다. 근대계몽기는 이러한 '비동시적인 것의 동시성'이 나타나는 시발점이자 기원의 공간이다. 그러므로 근대계몽기의 가족에 대한 깊이 있는 이해는 오늘의 가족이 어떻게 형성되었는지 그 변화의 과정을 읽을 수 있는 단서를 제공한다. 특히 성윤리의 측면에서 본다면 근대계몽기의 축첩제담론 분석은 여성이 담당자가 되어 주체적으로 여성해방을 부르짖기 이전의 상황을 보여준다. 그런 까닭에 한국 근대 여성해방사상에 크게 영향을 미친 입센·엘렌 케이·콜론타이·엥겔스·베벨 등의 직접적인 영향을 받은 나혜석·김일엽(원주)·김명순·허정숙 등 이른바 신여성들이 '성윤리'를 화두에 올림과 동시에 자신의 권리와 의무를 본격적으로 주장하기 이전의 논의를 검토하는 작업은 충분히 의미 있는 일이다.

19세기 말과 20세기 초 개화파 지식인들이 여성의 굴레로 비난했던 축첩제를 어떻게 '담론화'하고 있었는지 그 실체를 파악할 수 있을 터이기 때문이다.

2. 근대계몽기 이전의 축첩제

근대계몽기 축첩제를 이해하기 위해서는 조선 초 '축첩제'가 어떻게 인식되었는지를 살펴볼 필요가 있다. 조선을 건국한 신흥사대부들은 성리학을 국시로 한 유교적 가족윤리를 통하여 사회질서를 확립하고자 하였다. 중앙정부는 『주자가례』를 준거틀로 하여 고려 말 관습으로 내려오던 관혼상제를 정비하는 작업을 단행하였는데 그 하나가 중혼금지(重婚禁止)이다. 두 명 이상의 아내를 두지 않는다는 '예가무이적(禮家無二嫡)' 규범은 고려의 유처취처(有妻娶妻)의 관습에 대한 법적 규제로 이어졌다. 즉 태종 13년(1413)에 중혼금지법이 제정되면서 둘째 이하의 부인들은 일괄적으로 첩이라 규정했는데(『태종실록』, 17년 2월), 이는 한 남자에게는 한 명의 적처(嫡妻)만을 인정한다는 것을 뜻했다. 조선 초기에는 선처(先妻)와 이혼하지 않았거나, 선처가 죽지 않은 상태에서 다시 처를 취했을 경우에는 후취 여성의 신분이나 혼례를 치렀는지의 여부와 관계없이 후처를 첩으로 논정(論定)하는 것을 원칙으로 삼아 이를 준수하였다(장병인, 1997 : 75). 관인이

처를 유기하거나 두 명 이상의 처를 둘 경우 관직을 박탈하는 것으로 그 죄를 묻는 등 강경하게 중혼을 금지하기도 했다. 중혼금지령에 따라 처와 첩, 그리고 적자(嫡子)와 서자(庶子)의 지위를 차별화하였고, 이것은 곧 첩과 서자에 대한 합법적인 불이익으로 이어졌다. 특히 태종은 자신의 왕위계승을 합리화하기 위하여 '적서분간(嫡庶分揀)'을 주장하였으며, 왕실에서의 적서차별은 왕실 이외의 신분계급에서도 서얼의 차별을 초래한 원인이 되었다.

그러나 사실 조선시대 '첩'에 대한 차별은 첩에 대한 것이라기보다는 첩의 자손에 대한 차별을 의미했다. 첩의 자손인 서얼에 대한 차별은 중앙정부에 의하여 더욱 강화되었다. 태종 15년(1415)에 서얼 자손의 현직 임용을 금지한 후(『태종실록』 15년 6월), 성종 14년(1482)에 반포된 『경국대전』에는 재가(再嫁) 등으로 두 남편을 섬긴 부녀의 자손과 함께 서얼자손들의 문과 및 생원·진사과의 응시를 허가하지 않는다는 서얼금고법이 명문화된다(『경국대전』, 권3 〈예전〉, '제과'). 서얼금고법의 제정으로 서얼의 지위는 큰 변화를 겪는다. 서얼금고법으로 인하여 서얼들은 현직 취임과 문과와 생진과 응시가 금지되었다. 설령 그들이 음서 등을 통해 입사(入仕)하더라도 한품제도로 그 승진의 한계를 설정하였다. 서얼차별은 이러한 공직취임 제한에 국한되지 않고 계사(繼嗣) 문제에까지 적용되었고, 아무리 장자로 태어난다 하더라도 서얼들은 한 가정의 종사(宗嗣)를 잇지 못했을 뿐만 아니라 막대한 상속재산을 빼앗길 수밖에 없었다. 사회·경제적 지위가 급락한 서얼들은 밖으로는 '사부지직(士夫之職)'으로 나아갈 수 없고 안으로는 상속재산조차 받을 수도 없는, 그야말로 "갈 곳 없는 사람"이 되고 말았다(이종일, 1987 : 66).

그러나 조선 초의 중혼금지가 곧 일부일처제를 의미한다 할지라도 내용적으로는 축첩제를 용인하는 것이었으므로, 경제적 여유가 있던 사대부가의 축첩은 공공연하게 이루어졌다. 특히 남녀유별 관념에 따른 여성의 격리는 남편의 축첩을 조장하였다. 남편이 장기간에 걸쳐 출관(出官) 또는 출향(出鄕)을 해야 할 경우, 아내는 집에 남아 시부모를 부양해야 했기 때문에, 임지에서 첩을 두는 풍습이 만연하였다(김두헌, 1949 : 588~589). 일처다첩(一妻多妾)의 부부관계는 가족갈등을 야기할 많은 원인을 포함하고 있는 제도이다. 아무리 처와 첩의 지위 사이에 격차가 있다 할지라도 남편의 작첩(作妾)은 집안의 '상속'과 관계된 문제였기 때문이다. 따라서 위정자들은 첩과 서자를 가족의 종사(宗嗣)에서 철저히 배제하면서 처와 처의 자식 즉 적자의 지위를 공고하게 해주는 한편, 아내인 여성에게는 투기엄금이라는 규범을 내면화하도록 압박했다. 투기엄금이 여성에게 얼마나 중요한 규범이었는지는, 그것이 여성의 규범인 칠거지악 중에 '무자(無子)'와 함께 가장 중한 악으로 규정되고 있는 데서도 확인할 수 있다. 남편의 축첩은 '가계(家系)'를 유지하기 위한 방편으로 합리화하는 한편 투기엄금의 윤리의식을 여성에게 내면화시킴으로써 축첩으로 인한 가족갈등을 잠재우고자 하였다. 여성을 위한 교훈서는 한결같이 투기엄금이라는 부도(婦道)를 강조하고 있다. 예컨대 우암 송시열은 시집가는 딸에게 준 〈계녀서(戒女書)〉에서 "여자가 지아비를 섬기는 중 투기 아니함이 으뜸 행실이니 일백 첩을 두어도 보기만하고 첩을 아무리 사랑하여도 노기를 두지 말고 더욱 공경"해야 한다고 적고 있다. 우암은 투기를 "부인의 제일 악행"으로 꼽는다〈우암선생계녀서〉).

이처럼 투기엄금이라는 부덕(婦德)이 여성의 윤리의식으로 내면화되는 가운데 양반관료를 포함하여 경제력이 있는 사람들이 처 이외에 첩을 두는 경우는 허다한 '일상'이 되었다.

3. 축첩제 비판의 기원과 근거

1) "축첩은 야만의 풍속이다"

서구적 시각에 입각한 최초의 축첩제 비판은 서학(西學－천주교)에서 터져나왔다. 1784년 북경에서 세례를 받은 후 귀국한 이승훈이 이벽과 권일신에게 영세를 주면서 신앙공동체로서의 교회가 조선에서 탄생했는데, 교회에서는 천주의 피조물인 인간의 평등을 강조하였다. 서학은 조선 여성에게 부과된 차별적 대우를 부당한 것으로 여기면서 억혼, 과부개가금지와 함께 축첩제를 강력히 비난하였다. "첩을 둔 사람이 신사[神父]가 한 번 분부하신 후에 고집하여 순명치 아니하면 공소 때에 신사 앞에나 이 모양으로 지내다가 죽으면 연미사와 교우의 연도(煉禱－위령기도)도 못하게 할 것"이라고 하면서(백규삼, 1982 : 313) 남성의 축첩을 교회법으로 엄금하였다. 실제로 주문모 신부는 축첩한 신자에게 성사(聖事)를 주지 않았고(달레, 1979 : 417~418), 교회의 명령에 순종치 않고 축첩생활을 계속할 경우에는 신자자격을 박탈하겠다는 의지를 표명했고 또 실천에 옮겼다. 서학은 첩을 내보내는 일이 신앙생활의 가장 우선적인 일이라고 규정함으로써 신앙인들이 일부일처의 부부관계를 일상의 삶 안에서 실행하도록 하였다.

이렇듯 서학이 남성 교인들의 작첩(作妾)을 금지한 이후, 근대계몽기에 이르러서는 계몽지식인들이 축첩제를 비판하고 나섰다. 그들에 따르면 축첩제는 문명국이 되기 위해 타파해야 할 대표적인 가족제도였다. 1894년 단행된 갑오경장의 개혁안에는 "적처와 첩에게 모두 자식이 없는 연후에야 비로소 양자의 입솔(入率)을 허용"한다는 내용이 들어있다. 이것은 서얼에 대한 차별을 금하는 법제가 마련되었음을 의미한다. 그러나 개화파 지식인들은 축첩제로 인하여 끊임없이 제기되었던 서얼차별의 문제를 해결하는 것에 그치지 않고 이러한 문제의 본질에 해당하는 축첩제를 근절하고자 하였다.

그들은 무엇보다 먼저 "조선 습관에 일처(一妻) 일첩(一妾)을 둠은 남자의 흔한 일"(『탄금대』, 『한국신소설전집』 5권 : 260)이라는 축첩의 실상을 파헤치기 시작했다. 『제국신문』은 정부 관인에서부터 여항(閭巷)의 백성에 이르기까지 신분 고하를 막론하고 조선의 남자들은 처첩 두기를 좋아하여 심한 경우 정실 하나에 별방(別房)이 삼사처라고 하면서, 일부이첩(一婦二妾)을 대장부의 당연한 일로 여겨 아침밥과 저녁 죽을 먹을 만한 사람이라면 으레 첩을 두고 있는, 당시의 만연한 축첩제를 비판의 표적으로 삼았다(『제국신문』, 1901.1.31). 가계계승이라는 미명 아래 묵인되었던 축첩제와 남성의 작첩을 용인하는 일상의 관습이 계몽의 대상으로 떠올랐던 것이다. 무엇보다 축첩은 가정의 불화를 조장하고 있다 하여 집중적인 비난을 받았다. 축첩은 "친자의 의(誼)를 파"하고 "문족의 난화(亂禍)를 양성"함으로 사회의 질서를 문란하게 하는 것으로 인식되었다. 또한 축첩은 아버지가 자녀를 학대하고 자식이 그 아버지를 무서워하는 "참독한 해(害)"로 말미암아 가정을 폐함은 물론 종국에는 국가가 폐하는 지경에 이르게 한다는 비난을 사기도 했다(『대한매일신보』, 1910.5.8). 축첩제 타파를 주장하는 글들은 문명사회에서는 이미 축첩의 폐풍이 근절되었다고 하면서 축첩의 폐단을 개인, 가족, 가문, 사회, 국가 전 영역에 걸쳐 거론하고 있다. 그렇다면 축첩제가 비난받았던 정확한 지점은 어디일까?

2) 차별을 넘어, 예속을 넘어

(1) 축첩제와 성윤리의 이중성

갑신정변을 주도했던 중심인물인 박영효는 일본 망명생활을 하던 중 〈개화에 대한 상소〉를 국왕에게 올린다. 이 글에서 그는 "남녀부부는 그 권리가 균등하다"는 전제 아래, "무릇 남녀가 그 질투하는 마음은 같은데 남자는 유처취첩(有妻取妾)하면서 혹 그 아내를 속박하고 혹은 그 처를 쫓아내며, 아내는 그렇다고 개가도 못하고 이혼도 못하니 이것은 법에 있어서 여자의 간음만을 금하고 남자의 난잡함은 금하지 아니하는 까닭"(박영효, 1888 : 12~23)이라고 하면서, 성에 따라 차별적으로 적용되는 이중적인 성윤리의 모순을 지적하였다. 박영효의 주장은 근대계몽기 축첩제를 비판하는 글에 그대로 흡수되었다. "남녀는 비록 다르나 어찌 차등의 분별"이 있을 수 있냐면서 천부적 권리로서 여성의 인권을 주장하는 글들을 어렵잖게 발견할 수 있다(『제국신문』, 1899.10.14). 이러한 남녀동등의 논리는 축첩제에 내재된 성윤리의 이중성을 폭로하는 주요한 배경이 된다.

> 우리 동양의 풍속은 자고로 여인을 사나이보담도 낮게 알아 천리가 사나이는 높고 여인은 낮은 줄로 아니 (…중략…) 이로 인하여 생긴 폐단을 말씀하려면 이루 다 셀 수 없으나 그 중에 제일 큰 폐단을 말하면, (…중략…) 첫째는 첩 두는 폐단이니 당초에 하늘과 땅이 마련되고 만물이 생긴 중에 사람은 제일 신령한 영혼을 타서 한 사나이와 한 여인이 생겨서 배필이 되었으니, 세상 사람이 다 한 남편과 한 여인이 부부됨이 천리에 합당하니 여인이 두 남편을 두는 것도 옳지 않고 사나이가 두 계집 두는 것이 옳지 않거늘, 우리나라는 여인을 낮게 아는 까닭으로 여인이 남편을 둘 셋을 두면 큰 변으로 알고 (…중략…) 사나이는 장가든 후에 으레 첩 두기를 시작하여 칠팔 명씩 첩을 두는 사람이 흔히 있고, 지금 세상에는 첩을 두지 아니한 사람은 몇 명이 없어 첩을 아니 두는 사람은 사나이가 아니라 하여 못생긴 사람으로 돌리니 ……
> ─〈부인을 낮게 봄이 불가한 일〉, 『가정잡지』, 1년 7호, 1907.1

이 글에서 볼 수 있듯이 축첩제는 남존여비의 관념과 밀접한 관련이 있었다. 이 글의 필자에 따르면 여인이 남편을 두세 명 두는 것은 큰 변으로 알면서 첩이 없는 남자는 사나이가 아닌

"못생긴 사람"으로 돌리는 작금의 실상은 남녀 간 다르게 적용되는 성윤리에서 비롯된 것이다. 부녀자에게는 정절의 윤리를 강요하여 청춘과부의 개가도 불허하면서 남자에게는 부인 이외의 첩을 두는 '특권'을 허락하여 주는, "모순과 불공평"으로 가득 찬 이중적인 성윤리가 가장 심각한 문제였다(『대한매일신보』, 1907.10.2).

축첩제에 대한 비난의 화살은 구체적으로 첩과 함께 작첩(作妾)한 남자를 겨냥하고 있었다. 여성으로서 남의 첩이 되는 사람은 죽어서 지옥에 떨어질 만큼 악하고 천한 사람으로 비난받았다. 또한 계몽지식인들은 남성은 우선 자신의 몸부터 '정결'하게 가져서 아내와 자식을 사랑하는 것으로 남편과 아버지의 도리를 다하여야 한다고 주장한다(『독립신문』, 1896.6.16).

(2) "아내의 투기는 자연스러운 감정이다"

근대계몽기 축첩제 비판에서 새롭게 등장한 것은 "아내의 투기엄금"이라는 윤리의식의 거부이다. 축첩제를 비난하는 글은 남편의 작첩에 대한 아내의 투기를 자연스러운 감정의 발산으로 인정하면서, '투기엄금'을 감내하기 어려운, 다시 말해 지키기 어려운 윤리의식으로 파악한다.

계몽지식인들은 일부일처의 부부관계를 문명개화의 지표로 인식하고 있었다. 일부일처의 부부관계는 새로운 윤리의식을 수반하고 있었는데, 그 구체적인 예를 신소설 『귀의 성』에서 볼 있다. 이 소설의 등장인물 작은돌과 점순 부부는 남편의 작첩을 묵인하는 부부관계에서 부부간의 화목을 찾을 수 없다는 것을 직시하고 있다.

> (점순) "강짜는 빌어먹을 년의 강짜를 하고 있어. 나는 순돌 아버지가 다른 계집에게 미쳐 날뛰는 것을 보면, 나는 다른 서방 얻어 가지, 밤낮 게걸게걸하고 있을 망할 년 있나."
> (작은돌) "이애, 그것 참 속 시원한 소리를 하는구나. 하느님이 사람 내실 때에 사람은 다 마찬가지지 남녀가 다를 것이 무엇 있단 말이냐. 네가 행실이 그르면 내가 너를 버리고, 내가 두 계집을 두거든 네가 나를 버리는 일이 옳은 일이다. 두 서방이니 두 계집이니 그까짓 소리도 할 것 없지. 두 내외가 의만 좋으면 평생을 같이 살려니와, 의가 좋지 못하면 하루바삐 갈라서는 것이 제일 편한 일이라. 계집 둘 두는 놈도 망할 놈이오, 시앗보고 강짜하고 있는 년도 망할 년이라. 요새 개화 세상인 줄 몰랐느냐."
> ―『귀의 성』,『한국신소설전집』 1권, 170~171

남편의 작첩에 한숨만 쉬고 있는 그런 "망할 년"은 되지 않겠다는 아내 점순의 말에 작은돌은 "속 시원한 소리"라고 답한다. 작은돌은 기독교인은 아니지만 그의 말에서 문명적 사고로 일컬어졌던 기독교적 사고가 의식 깊숙이 침식되어 있는 것을 알 수 있다. 그에게 있어 하느님이 사람을 평등하게 내셨기 때문에 남녀의 차별은 부당한 것이며, 그러므로 윤리 역시 남녀간 다르게 적용되는 것은 있을 수 없는 일이었다. 부인의 실행이 "소박"의 합당한 이유가 될 수 있듯이, 남편의 작첩 역시 이혼의 합당한 이유가 되어야 한다는 것이 작은돌의 생각이다. 또한 그는 남편의 작첩은 부부간 갈등의 원인이 될 수 있음을 인정하면서, 특히 부부간의 애정이 일부일처의 부부관계의 근간이 되어야 한다고 말하고 있다. 작은돌의 견해에 따르면 아내의 행실이 옳지 못하면 남편이 그 아내를 버리고, 또 반대로 남편이 두 계집을 두면 아내가 그 남편을 버리면 그만이기 때문에 "두 서방"이나 "두 계집"이라는 말은 할 필요조차 없다. 그에게는 요새 같은 문명한 "개화 세상"에 "계집 둘 두는 놈"도 망할 놈이고, "시앗보고 강짜하고 있는 년"도 망할 년이다. 이처럼 작은돌은 부부관계의 지속과 해체의 결정요인으로 '부부애'를 제시하면서 남성의 작첩을 비판하고 있다.

반면, 대표적인 신소설 작가인 이해조는 일찍이 <가족윤리 혼인론>에서 "남녀애정은 본최친절(本最親切)"하여 그 한 사람이 애정을 타인에게 옮기면 질투의 마음이 생겨 불행한 일이 일어난다(이해조, 1909 : 27~29)고 하면서, 부인이 남편의 작첩을 질투하는 것은 매우 자연스러운 감정이라고 말한다. 남편의 작첩이 아내의 투기를 불러일으키고 이러한 아내의 감정은 자연스러운 것이라는 논리는 축첩이 부부갈등의 주요한 원인이 되고 있음을 인정하는 것이다. 축첩제를 공공연하게 인정했던 이전 사회에서 첩의 존재는 부부갈등의 중요한 원인임에도 불구하고 이를 인정하지 않았다. 첩으로 인한 부부갈등은 첩 혹은 남편의 작첩이 아닌, 투기엄금이라는 '부덕'을 갖추지 못한 아내 때문에 발생하는 것으로 간주되었다. "가도(家道)의 성패와 자손의 흥망"은 첩의 존재 여부가 아니라 첩에 대한 부인의 투기 여부에 달려 있다는 것이다. 즉 부인들에게 첩에 대한 투기를 절대적인 금기사항으로 수용하도록 함으로써 축첩으로 인한 가족갈등을 해결하고자 하였던 것이다.

그러나 합리적으로 생각해 볼 때, 남편의 애정을 공유해야 하는 첩에 대한 아내의 투기는 인간으로서 매우 자연스러운 감정이다. '가문'의 안녕을 위하여 아내에게 부덕(婦德)으로 강요된 '투기금지'는 근대계몽기에 이르러 그 설득력을 잃고 만다.

> 사람이 가난하고 곤궁할 때에는 자기의 아내의 덕으로 옷도 얻어 입고 조석도 얻어먹고 지내더니, 조금치라도 낫게 되어 돈푼이나 생기게 되면 그 돈을 가지고 같이 고생하던 아내하고 즐겁게 지내는 것이 인정에도 마땅하고 의리상에도 옳거늘, 돈 곧 생기게 되면 같이 고생하던 아내는 잊어버리고 모르던 계집을 얻어 그 돈을 가지고 같이 쓰고 그 아내는 그저 고생만 할 뿐 아니라, 남편이 잘 되었다고 집안에 첩이 하나 생겼은즉 그 아내의 마음에는 차라리 곤궁한 채 있는 이만 못한지라. 곤궁할 때에는 의식은 어렵더라도 남편이 다른 계집은 없었거니와 주야로 남편이 잘 되기를 바라다가 조금 낫게 된 후에는 같이 고생하던 사람은 둘째가 되고 딴 계집이 들어와 남편의 사랑함과 남편의 돈을 받아쓰니 어찌 원통한 마음이 없으며, 말은 아니 하더라도 도리어 잘 된 것을 후회할 마음이 없으리오.
> ─『독립신문』, 1896.6.16

이 글에서 알 수 있듯이 당시의 축첩제는 많은 경우 '여성'의 입장에서 논의되고 있었다. 아내의 입장에서 볼 때 첩은 남편의 사랑과 남편의 돈을 빼앗는 존재였다. 따라서 남편의 작첩으로 부인에게 '원통한 마음'이 생기는 것은 너무나 당연했다. 남편이 사망한 이후 종부(從夫)하는 열녀를 신문과 소설에서 어렵지 않게 만날 수 있는 상황에서, '투기엄금'은 가족의 갈등을 해결할 수 있는 윤리가 아니며, 오히려 이로 인해 가족갈등이 유발되고 있다는 주장은 주목을 요한다.

4. 왜 일부일처제인가?

근대계몽기 지식인들은 축첩제를 근절함으로써 부부관계에 문명의 지표를 세우고자 했다. 문명한 나라의 이상적인 가족제도는 '일부일처'여야 했던 것이다. 그렇다면 축첩제에 내재된 이중적 성윤리의 모순을 직시하고, 여성의 투기를 자연스러운 감정의 표출로 인정했던 이들은 어떤 방식으로 축첩제를 타파하고자 하였을까? 이들은 여성의 관점에서, 평등의 관점에서 축첩제를 바라보았으나 그 해결책에는 정작 이런 시각이 반영되지 않았다. 축첩의 당위를 설명하던 과거의 지식인들과 마찬가지로 이들은 여전히 정절윤리를 바탕으로 첩과 작첩한 남성을 비난했다. 그들은 처와 첩의 구별이 보다 엄격해진다면 축첩제는 자연히 사라질 것이라고 판단했던 것이다.

1) 처첩분별의 폐해

축첩제가 묵인되었던 조선사회에서는 제도와 윤리의 이름으로 처와 첩의 차별을 강화했으며, 이 차별은 첩의 후손으로 이어졌다. 첩과 서자에 대한 차별은 법적·경제적 불이익에 그치는 게 아니라 "비천한 존재"라는 인식을 유포했다. 그리고 이러한 인식은 근대계몽기에도 그대로 이어져 축첩제에 대한 비판은 첩에 대한 비난에 멈추는 경우가 허다했다. 첩은 "사나이의 희롱하는 물건"이었고, "대한 부인"의 위상을 떨어뜨리는 더할 수 없이 수치스러운 존재였다(『독립신문』, 1898.2.12).

특히 피폐한 경제적 상황으로 말미암아 첩에 대한 비난은 더욱 격렬해졌다. 19세기 이후 전정·군정·환곡 등 이른바 삼정의 문란이 더욱 극심해지면서 농민에 대한 수탈은 갈수록 도를 더해갔다. 또한 1876년 일본과 맺은 〈조일수호조규〉의 발효와 함께 조선 항구에서 양곡의 수출입이 가능해짐에 따라 조선의 곡물이 싼 값에 일본으로 대량 반출되었다. 1890년 이후 산업자본주의 단계로 접어들면서 자국 내 미곡의 필요량이 급증한 일본은 이러한 수요를 조선의 미곡으로 대체하였고, 이로 인하여 조선의 미곡은 절대적으로 부족하게 되었다(박찬승, 1985 : 34~38). 이러한 경제적 상황은 적지 않은 부모가 딸을 기생이나 첩으로 파는 원인이 되었다. 궁핍한 삶의 조건 아래에서 딸은 부모와 가족의 생존을 위한 유용한 도구였다. 특히 경제적으로 더욱 피폐한 서북지역에서 이러한 사례가 많았다.2) 열악한 경제적 상황은 성을 매매하면서 살아가는 많은 유녀(遊女)들을 낳았다. 유녀들의 매음은 간과할 수 없는 사회문제를 야기했는데 이를 통하여 몰락한 유교적 성윤리의 현상을 가늠할 수 있다.3) 사회경

---

2) 이는 신소설 『능라도』(『한국신소설전집』 5권 : 91)와 『독립신문』(1897.10.26)에서도 확인할 수 있다.

3) 이와 관련하여 황현은 『매천야록』에서 다음과 같이 말하고 있다. "경무사, 신태휴(申泰休)는 유녀(遊女)들을 모아 구역을 달리 해서 살아가도록 하였다. 구제도는 외국 남녀와 교간(交奸)하는 자는 죽였으나 개항 후로 금지하였던 것이 조금 풀렸으며 이미 동서양이 엇비슷하게 처하자 드디어 도저히 막을 수 없이 되었다. 이윤용(李允用)은 서양 여자를 첩으로 삼았고 송병준(宋秉畯)은 일본여자를 첩으로 삼았다. 왕왕 외국여자들을 축첩하지 못한 것이 못났다고 생각되었

제적 혼란은 일상적 삶을 궁핍으로 몰아넣었고, 이에 비례하여 유교적 성윤리는 급격히 무너지기 시작했다. 매음을 통해 생존의 길을 모색하려는 여성이 많아지면서 근대계몽기의 지식인들은 정절윤리의 필요성을 절감했고, 이러한 상황은 축첩제를 둘러싼 논의에도 일정한 영향을 미쳤으며, 이와 함께 첩은 더욱 비천한 지위로 전락했다.

축첩제타파론에 볼 수 있는 첩에 대한 멸시는 첩에게만 한정된 것이 아니었다. 첩의 자식들도 세상의 천대를 받아야 마땅하다는 논리가 공존하고 있었다. 이것은 종모법(從母法)을 토대로 서얼차별을 강화해온 기존의 논리를 그대로 답습한 것이라 할 수 있다. 서얼에 대한 차별이 갑오경장의 개혁안에 의해 법적으로 금지되었다 할지라도 서얼은 여전히 천한 존재로 인식되었으며, 축첩을 비난하는 글들은 이를 강화함으로써 이 악풍(惡風)을 뿌리뽑고자 하였다.

신분제 사회였던 조선에서는 그 사람의 의복만으로도 그 지위를 짐작할 수 있었을 뿐만 아니라 어떤 예우가 적절한지를 한눈에 알 수 있었다. 계몽지식인들은 그것을 축첩제 타파에 차용하고자 하였다. 즉 그들은 의복으로 신분을 한눈에 파악할 수

으니 경향각지의 유녀(遊女)들은 일본여자 행세를 하다 금방 서양여자 행세를 하여 양쪽을 비호하며 내방객을 기다려, 보는 사람들이 낯을 가렸다. 신태휴는 이것을 미워하여 힘써 유녀들을 몰아서 한 곳에다 모아 살게 하고 일반 국민들과 함께 섞어서 살지 못하도록 하였다. 그리고 아국 국민들이 출입하는 곳은 그 문에 상화가(賞花家)라 붙이고 외국인에게 매음하는 자는 매음가(賣淫家)라 붙이게 하였으나 마침내 능히 개혁하지 못했다. 인천항에 도화동(桃花洞)이 있는데 한 마을이 모두 매음가로 외국인으로 방탕한 자들은 금(金)을 휴대하고 대문을 찾아와서 장사꾼들이 물건 사라고 떠드는 것 같았다고 한다."

있었던 것처럼 외관만으로도 "정실과 천첩"의 등분(等分)을 뚜렷이 알 수 있는 그 무엇이 있어야 한다고 생각했던 것이다. 다음 글은 당시의 첩에 대한 비난이 어느 정도인지를 잘 보여주는 예이다.

> 같은 사람이 되어 남에게 첩 노릇 하는 여인은 하늘이 같이 품부한 권리를 지키지 못하는 인생이라. 불가불 천한 사람으로 대접하여야 세상에 명분이 밝아서 사람이 비로소 천정한 명분을 흐리기를 부끄러이 여길지라. (…중략…) 우리나라에서는 여편네가 남의 첩 노릇 하는 것을 부끄러이 여기지 않고 으레 마땅한 일로 알아 무슨 일이며 어느 좌석이든지 거리낄 것이 없으니, 이전에는 반상 등분이나 있은즉 오히려 관계가 덜 하였거니와 지금은 반상 등분을 없이 하고 본즉 정실과 천첩의 등분이 없으면 명분이 자연 혼합함에 괴악한 풍습은 고칠 날이 없는지라. (…중략…) 그럼으로 우리나라에서는 여인회를 설시하든지 여학교를 설립하든지 마땅히 규칙을 달리 마련하여 남의 첩 노릇 하는 계집들은 일절 동등권을 주지 말아 등분을 밝히 하여야 (…중략…) 천첩 노릇하는 여인들이 저의 몸이 세상에 천한 인생 되는 것을 부끄러이 알아 괴악한 풍속이 차차 덜 일 터이니, 어제는 부끄러운 줄을 모르고 괴악한 행습을 행하였거니와 오늘은 알고 행실을 고치거든 곧 동등 부인네로 대접을 하였으면 몇 백 년 유전하는 악습이 가히 변할지라. 무슨 연회에든지 부디 첩은 데리고 가 참례하지들 마시오 만일 남의 정실네가 동석에 있으면 이는 곧 그 부인네들 욕하는 모양이니 필경 시비가 있을 터이요, 남의 첩 노릇 하는 것이 부끄러운 줄을 알아 천정한 명분이 자연 밝아질 터이니 범연히들 보아 넘기지 마시오
>
> ─『제국신문』, 1898.11.7

이 글에 따르면 첩은 하늘이 부여한 '권리'를 지키지 못한 천한 존재이다. 따라서 첩은 하늘이 부여하는 여성의 '동등권'을 부여받을 수 없다. 차별적인 대우를 통해서만 첩은 자신의 천한

인생을 자각할 수 있을 것이며, 작금의 이 괴악한 풍속도 사라지게 될 것이라는 얘기다. 무엇보다 근대계몽기 규문 안 여성에게 서서히 열리기 시작했던, 가장 대표적인 바깥세상인 "여인회"와 "여학교"에 첩이 발을 들이는 것을 용납해서는 안 된다는 주장에서는 첩 신분의 여성을 '인권' 없는 존재로 규정하는 가혹한 시선을 엿볼 수 있다. 이런 주장은 처의 지위를 확고하게 하면서 동시에 첩의 지위를 더욱 천한 것으로 규정한다면 첩은 이 세상에 존재하지 않을 것이라는 생각에 근거를 두고 있다.[4]

조선이 문명한 사회로 거듭나야 하는 마당에 반드시 사라져야 할 첩은 그 이전보다 더욱 더 비천한 존재가 될 수밖에 없었다. 이처럼 당시의 축첩제 타파 논리는 처첩간 차별을 강화하는 것으로 귀결되었다. 처첩간의 차별을 강화함으로써 축첩제를 타파해야 한다는 주장에 따르면, 아무리 학식이 있고 훌륭한 교육을 받았다 할지라도 첩은 본처에 비해 천한 존재에 지나지 않았다.

근일에 혹 남의 첩되는 여자들이 문명을 무엇으로 아는지 인도를 어떻게 생각하는지 적처와 천첩이 동등이라는 말을 주창한다 하니 이상하도다. 이런 야만의 자유평등을 어디 가서 배워왔는가. 진정한 문명과 진정한 인도가 발달될수록 첩을 천히 여기고 첩을 학대하기를 우심하게 하는 것이 당연한 하늘 이치와 사람의 일이니라. 또 이 첩된 여자들이 소위 적처와 천첩이 동등이라는 주의를 가진 여자교육을 주창하여 가라대 첩이라도 학문이 있고 지식이 있으면 족히 정실과 평등도 되고 자유도 얻을 터인즉, 이 주의로 여자를 교육하여 정실에게 압제를 아니 받는 첩이 되게 하자

---

4) 그러나 이 신문기사에 대하여 평안도의 한 여성 노인은 첩도 그 됨됨이에 따라 "옥석"을 구분해야지 단지 첩이라는 이유만으로 싸잡아 질타라는 것은 부당하다고 주장한다(『제국신문』, 1898.11.10)

하였다니, 이런 평등과 이런 자유는 야만의 평등과 야만의 자유가 아니면
무엇이뇨 저희 무지무식한 것이 실로 가련할 뿐 아니라 혹 이런 풍조는
여자계에 전염이 되어 그릇 생각한데다가 더 그릇 생각이 들어가면 필경
에는 한 가지 큰 괴상한 산지도감이 설시되고 말지니 어찌 가히 두려워
할 바 아니리오 오호라, 우리는 마지막에 이런 여자계에 대하여 한 번 권
고하노니 다 같은 인류로 남의 첩의 신세가 된 여자들이여, 과연 평등과
자유를 좋아하거든 아무쪼록 이런 그릇 생각한 것을 깨닫고 진정한 평등
과 자유하는 인물이 되며 후생 여자를 인도하여 반드시 첩이 되지 말라
하며, 후생 여자를 경계하여 반드시 첩이 되지 말라 하여, 여자계에 행복
을 충만하게 하고 여자계에 자유와 평등을 확실히 찾아 누리게 하기를 축
원하노라.

—〈첩 두는 자를 경계함〉, 『대한매일신보』, 1910.5.8

첩에 대한 비판은 "첩이 된 여성"과 "실행(失行)을 일삼는 첩"
그리고 그 첩의 동류집단으로 규정되고 있는 기생사회에 대한
질책을 포함하고 있었다. 첩에 대한 이러한 비난과 천대는 첩들
간의 내적 연대감을 강화했으며, 급기야 첩들의 외부적 활동은
"문명진보 더 될수록 첩의 천대 자심함은 윤리원칙이 아닌가,
부녀계에 첩사회도 한국내에 초견이오"(『대한매일신보』, 1910.5.8)라
는 개탄의 목소리를 불러일으키기도 했다. 당시 양반 고관의 애
첩들이 상당한 경제력을 소유한 무시할 수 없는 세력이었음은
이들이 양정여자교육회 및 양정여학교를 설립한 것에서도 미루
어 짐작할 수 있다. 이들은 여학교를 설립하고 학교의 교장으로
친위부 장관 이병무의 첩 최성경을 추선(推選)하는(『대한매일신보』,
1910.5.10) 등 구체적인 활동을 펼쳤다. 이렇게 이들은 나름대로
부인회를 설립하는 등 구국을 위한 계몽운동에 동참하고 있었

다. 그러나 이들의 사회 활동이 활발해질수록 이들에 대한 비난
과 함께 정절윤리와 적처(嫡妻)의 권리를 강화해야 한다는 목소
리도 함께 높아지고 있었다. 첩이 조선사회에서 발붙일 수 없도
록 하는 방안을 제도화해야만 한다는 주장은 본처의 지위가 확
고해질수록 첩은 설 자리를 잃게 될 것이라는 기존의 인식을 그
대로 수용하고 있었다.

　하지만 처첩의 분별을 통해 축첩제를 폐지하려는 이러한 방
법은 간과할 수 없는 한계를 안고 있었다. 축첩제에 대한 비판
과 악풍 폐지를 위한 방안이 개인의 도덕성 차원에 머물고 있다
는 게 그것이다. 여성의 매매가 공공연하게 이루어지고 또 지참
금을 통한 매매혼이 만연해 있던 당시의 상황을 고려할 때, 자
신의 의지에 의해서라기보다는 부모의 강요나 환경적인 조건에
의해 불가피하게 첩이 된 사례가 훨씬 많았을 것이라고 추측할
수 있다. 이런 상황에서 '정절윤리'를 통한 개인의 도덕성의 회
복만으로 축첩의 문제를 해결할 수 있다는 논리는, 축첩제를 사
회구조적인 맥락에서 접근하지 못한 까닭에, 맹점을 지닐 수밖
에 없었다. 축첩제타파론자들은 축첩제의 형성 배경이 되는 사
회 구조의 문제와 축첩제도 자체에 내재된 문제를 짚어내지 못
하고 있었던 것이다. 따라서 축첩제를 사회구조적 문제로 파악
하지 못한다면, 그 해결책 역시 불합리한 사회의 구조와 제도의
개선을 꾀하는 것이 아닌 윤리의 내면화라는 도덕적 수준에 머
무를 수밖에 없다. 첩이 된다는 것은 "세상에 못할 노릇"이라고
비난하면서도, 해결책이라고는 고작 "아무쪼록 학문 배워 외국
부인 동등 되게 일심으로 협력하"(『제국신문』, 1898.11.10)자거나

“첩이 되지 말라”는 ‘공허한 연설조’의 요청에서 한 걸음도 나아가지 못했다. 신소설에 나타나는 처첩 갈등의 해결책 역시 근원적인 문제를 직시하지 못하고 있기는 마찬가지다. 그 단적인 예를 이인직의 소설 『귀의 성』에서 볼 수 있다.

『귀의 성』에서 작가 이인직은 김승지의 작첩으로 인하여 승지 부인이 갖는 ‘아내’로서의 패배감을 인정하지 않는다. 남편의 작첩으로 “세상에 고생치고 시앗 두고 근심하는 고생 같은 고생이 또 어디 있겠느냐. 나는 시앗만 없으면 돈 한 푼 없더라도 아무 근심 없겠다. 내 손으로 바느질품 팔아먹더라도, 영감과 나와 단 두 식구야 어떻게 못 살겠느냐”(「귀의 성」, 『한국신소설전집』 1권 : 175)라고 말하는 김승지 부인의 한탄이 보이긴 한다. 그러나 작가는 그녀를 후덕하지 못한 악인으로 묘사하면서도 그녀가 왜 악인이 될 수밖에 없는지에 대해서는 관심을 기울이지 않는다. 『귀의 성』은 기존의 처첩갈등을 다룬 소설들이 ‘처＝선인’, ‘첩＝악인’이라는 무조건적이고 단순한 이분법적 도식에서 벗어나, 개인의 도덕성에 초점을 맞추어 선인과 악인을 구별하였다는 점에서는 분명 적지 않은 의미를 지니고 있다. 하지만 자식도 없이 남편만을 바라보고 살아가는 김승지 부인에게 남편의 작첩은 그녀에게 지울 수 없는 패배감을 안겨주었을 터이며, 이 패배감이 그녀를 악녀로 만들었다는 점을 작가는 인정하려 들지 않는다. 다만 첩에 대한 김승지 부인의 투기를 악인의 악독한 행위로 규정할 따름이다. 결국 사대부가의 아내로서 첩에 대한 ‘투기엄금이라는 윤리’를 지키지 못한 악인 김승지 부인은 강동지에 의해 처참히 살해되고 만다.

'투기'한 아내에 대한 응징으로 가족갈등을 해결하려는 구태의연한 태도는 사회구조 및 제도와 긴밀하게 관련된 축첩제 문제의 본질을 깨닫지 못한 데서 비롯된 것이라 할 수 있다. 현실의 거울이라 할 수 있는 소설에서 가족갈등의 원천이 되는 축첩제를 제도를 통해 해결하기보다는, 그 갈등을 둘러싼 사람들에게 무조건적인 인내와 도덕성의 회복만을 강요한 것은 당시 사회분위기로 보아 어쩌면 당연한 일이었을지도 모른다.

2) 축첩제의 모순과 가족 갈등

근대계몽기 축첩제를 비판하는 주요한 잣대 중의 하나는 서구적 윤리의식이었다. 지식인들은 문명한 나라에는 일부일처 가족제도가 정립되어 있다는 것을 강조하면서 조선의 축첩제를 망국의 요인이라며 비난을 퍼부었다. 그러나 일부일처의 부부관계를 강조했던 계몽지식인들이 유교적 윤리질서를 부정하면서 동시에 서구적 부부윤리 의식을 수용한 것은 아니었다. 그 단서를 우리는 『독립신문』에서 발견할 수 있다.

영의정을 지낸 홍순목의 손녀이자 참판 홍만식의 딸은 조동윤이라는 사람에게 시집을 간다. 하지만 결혼한 지 몇 달이 못 되어서 삼촌의 죄로 말미암아 시집에서 쫓겨나 "홀로 혼서지를 품에 품고 밤낮으로 울며 여주 땅에서 목숨을 지탱"하고 있었다. 『독립신문』은 이 "원통한 여편네"의 소식을 전하면서 조동윤이 개인의 힘으로 이 부인의 원통함을 해결하기가 어려우니 정부가 조등윤에게 명하여 이 부인을 "도로 영접하여 별도로 부인을 삼게" 하고, 또 지금 있는 부인을 부인이 아니라고 할 수가 없으므로 "특별히 조씨는 부인을 둘을 가지게 명"하는 것이 옳다고 주장한다(『독립신문』, 1897.6.10). 이 사건은 일부일처 부부관계의 정립보다는 유교적 윤리의식의 수용이 우선해야 한다는 당시 윤리의식의 단면을 여실하게 보여주는 예이다. 조선의 "불쌍한 여편네"의 친구임을 자처하면서 그 어느 신문보다도 급진적인 태도로 여성의 지위를 개탄하고 가족제도의 변화를 추구했던 『독립신문』이 이 사건을 보도하면서 제시하고 있는 바람직한 해결책은 아이러니하게도 "일부이처"의 부부관계였다. 『독립신문』의 이러한 주장은 경우에 따라서는 일부이처의 부부관계나 남편의 축첩을 인정할 수도 있다는 자기모순을 안고 있었다.

이 외에도 계몽적 성격을 지닌 많은 신소설들 역시 구태의연하게도 유교적 가족윤리, 특히 아내의 부덕(婦德)을 유독 강조하고 있다. 예컨대 『능라도』는 행복한 결말을 지나치게 염두에 둔 나머지, 두 여자 즉 도영과 화자가 한꺼번에 정린의 아내가 되는 것으로 끝을 맺었고, 『안의 성』은 자신의 잘못을 반성하고 있는 봉자를, 이미 정애와 정혼한 상현의 부실(副室)이 되게 함으로써 행복한 결말에 도달한다. 또 『금강문』에서는 정진의 어머니가 그를 경원이 아닌 다른 규수와 혼약시켰음에도 불구하고 정진이 경원과 혼례를 치르자 이미 혼약했던 규수가 식음을 전폐하는 일이 일어난다. 그러자 개화여성이라고 자처했던 경원은 타인이 본을 받을 만한 이상적인 여성으로서 유교적 부덕을 발휘하여 일부이처의 부부관계를 수용할 수 있다고 말한다.

（신）“이애, 네 말이 대단히 가상하다마는 한 사나이가 두 처를 장가드는 것이 어데 있느냐?”

（경원）“그는 그렇지 않습니다. 옛적 성인 요 임금 딸 아황·여영은 형제의 몸으로 한 순임금을 섬겼거든, 저희 두 사람이 한 남편을 섬기지 못할 것 무엇 있삽니까?”

—『금강문』,『한국신소설전집』 4권, 258

이러한 내용은 신소설에서 반복적으로 나타난다. 예를 들면 『우중행인』에서는 은인인 남옥을 첩으로 들임으로써 처첩갈등은 개인의 도덕성 문제이며, 선인 사이에서는 일어나지 않는 것으로 규정된다. 마음씨 고운 본처는 남옥을 남편의 ‘첩’으로 승인함으로써 남편의 은인에게 기꺼이 감사를 표한다. 뿐만 아니라 이담용의 아내 윤씨부인이 섬옥과 봉희를 불러 “아무쪼록 조심하여 피차 시기심을 두지 말고 각기 맡은 직분을 극진히 하여 가정이 요란치 않도록 힘쓰기를 바라노라”고 하면서 두 사람을 첩으로 거둔다는 내용의 『검중화』는 윤씨부인의 후덕함 덕분에 “집안에 화기가 융융”(『검중화』,『한국신소설전집』 6권 : 483)하게 되었다는 말로 결말 맺고 있다.

이처럼 축첩의 부당성을 내세우긴 했으나 여전히 ‘투기엄금’이라는 부덕을 지키면서 남편의 작첩을 포용하는 아내가 바람직한 여성으로 그려지고 있다. 첩은 가족불화의 원인이 되기에 충분하지만, 투기하지 않는 아내의 후덕함은 얼마든지 가족갈등의 원인을 원천적으로 봉쇄할 수 있었던 것이다. 부덕을 겸비한 아내가 남편의 첩을 의연하게 끌어안으면서 행복한 결말로 나아가는 신소설을 통하여 ‘투기엄금’이라는 윤리 강령의 당당한 위상을 확인할 수 있다.

이와 같이 축첩제타파론은 축첩을 악풍으로 규정하면서도 동시에 아내의 도리로서 유교적 부덕을 강조하는 이중적 구조를 지니고 있었다. 많은 신소설에서 선인(善人)인 개화 여성은 축첩을 둘러싼 가족제도와 가족윤리의 부당성을 지적하고 개선하는 것이 아니라, 부덕을 통해 가족갈등을 무마하는 인물로 등장한다. 그리고 다수의 신소설 작품은 악인 여성이 선인 아내의 호의에 힘입어 남편의 처나 첩이 되는 것으로 끝을 맺는다. 결국 근대 계몽기 지식인들의 가족제도와 가족윤리 비판은 문제의 본질에 육박하지 못하고 있었던 셈이다. 지식인들의 이러한 모순은 합리적이지 못한 해결책을 낳을 수밖에 없었다. 오히려 이들이 제시한 해결책은 가족갈등을 증폭시키는 원인이 되기도 했다. 체계적이고 논리적인 비판을 결여한 해결책, 이를테면 "첩이 되지 말자"는 공허한 구호는 개인과 가족의 심각한 갈등의 씨앗을 품고 있었다. 그 단적인 사례를 『명월정』에서 확인할 수 있다.

『경월정』의 주인공 채홍은 졸업식 날 "서양에 유학하여 여자대학을 졸업하고 돌아와 여자 교육계에 헌신한" 며례(머레이) 김씨로부터 "문명의 어미"될 기초로서 첩이 되지 말자라는 연설을 듣는다. 채홍은 그녀의 연설에 감화되어 부모가 구습으로 "남의 첩으로 팔아먹으려" 한다면, 죽어도 이 핍박을 받지 않겠노라고 맹세한다(『명월정』, 『한국신소설전집』 6권 : 117). 그러나 채홍은 자신을 기생조합에서 구해준 허원의 첩이 되어 부모의 원수를 갚는다. 이후 그녀는 허원의 대를 이을 아들 '송'을 낳음으로써 그 은혜에 보답한다. 그러나 채홍은 첩으로서의 수치심을 이기지 못하고, "내가 이제는 가슴에 맺히고 서린 슬픔을 다 풀었지마는 나의 일신상의 명예와 흠점이 이 세상에서 살고서는 씻을 수 없으니 이리 할 밖에 없다"고 하면서, "덩싯덩싯" 웃는 아들을 뒤로한 채 스스로 목숨을 끊는다.

> 학교 교육은 몇 해 동안 받아 인류된 이치와 도덕이 어떠한 것은 아나이다. 대저 남자의 덕은 의에 있고 여자의 덕은 절개에 있나니, 그런고로 여자가 절개가 없으면 금수와 무엇이 다르리오? (⋯중략⋯) 첩이 절개를 잃고 살기를 탐하여 문벌에 점을 끼치는 것이 어찌 죽는 것보다 낫다 하리오?
>
> —『명월정』, 『한국신소설전집』 6권, 149

> 학교에서 진급식에 개명부인 말씀 듣고 야만에게 시집감과 남의 집의 첩되기는 제 부모의 강제라도 봉승하지 않겠다고 손을 들고 일어서서 그 작정을 하던 것을 (⋯중략⋯) 지금인들 잊었을까.
>
> —『명월정』, 『한국신소설전집』 6권, 150

이상은 채홍이 허원과 동생 상순에게 남긴 유서이다. 그녀는 학교교육을 통해 "서구적인 부부윤리"를 학습하였고, 특히 서양에서 유학하고 돌아온 한 여성의 열성적 연설에 매료되어 절대 첩으로 살지 않겠다고 결심까지 했었다. 그러나 채홍은 허원의 첩이 된 것이 자신의 윤리감각에 따른 최선의 선택이었음에도 불구하고, 그 일련의 과정과 상황은 고려하지 못한 채 단지 첩이 된 자신을 "여성으로서 절개"를 잃은 자로 규정하고 있다. 그녀는 첩이 된 자신으로 말미암아 문벌에 누를 끼친 것을 견딜 수 없었던 것이다. 즉 채홍은 여성으로서 몸과 웃음을 파는 기생으로 살 수는 없었고, 또 부모의 원수를 갚아야 했기에 허원의 첩이 될 수밖에 없었음에도 불구하고, 첩이 된 자신의 모습을 참을 수 없었던 것이다. 채홍의 자살은 '며레 김'의 연설을 듣고 깨달은 문명인으로서의 여성의 도리와 전통적인 딸로서의 도리 사이에서 자신의 정체성을 확립하지 못한 데에서 기인한다. 『명월정』의 작가 박신양은 작품의 말미에 채홍의 비극적 삶에 대한 연민과 함께 그녀를 그러한 운명으로 몰아넣은 채홍 부모의 무지몽매함에 대한 안타까움을 다음과 같이 전하고 있다.

> 채홍의 도량과 의리와 절개를 보시오 적은 욕을 참고 큰 원수를 갚았으겨, 개돼지만도 못한 상년·잡놈의 제반 악증을 받으면서도 굴치 않던 맘기 허원의 정대한 기상과 실사를 말하는 데 감동되어 몸을 허락하고 (…중략…) 또 학교 교육 받을 때에 육비에 새겨 잊지 아니하고, 한번 작정한 말에 절개를 지키려고 몸은 버려 죽고 이름의 더러운 점을 씻으니, 이것이 여자 교육에 좋은 결과라 하지는 못하겠지마는, 불행히 잘못되는 경우에는 채홍 같은 여자도 아직까지 많지 못해……
> —『명월정』, 『한국신소설전집』 6권, 151

유교적 윤리의식을 철저히 내면화하고 있는 채홍은 근대계몽기의 이상적 여성이 필수적으로 갖추어야 할 것으로 간주되었던 서구적 윤리의식을 신교육을 통해 받아들인다. 그렇지만 채홍은 서구의 윤리의식과 기존의 유교적 윤리의식의 이질성을 소화하지 못한 채 무턱대고 수용함으로써 비극적 운명에 이르고 만다. 『명월정』의 작가는 작금의 조선에는 채홍과 같이 불행한 여성이 아직까지 많다고 하면서 채홍이 "여자 교육의 좋은 결과"가 될 수 없음을 인정하지만, 절개를 지키기 위해 목숨까지 버려 "이름의 더러운 점"을 씻고자 한 것은 이 시대의 여성이 본받아야 마땅하다고 말한다. 물론 일부일처와 '첩이 되지 말라'는 규범이 서양만의 윤리의식이라고는 할 수 없다. 그러나 이것이 서양에서 교육받은 '며례 김'에 의해 전달되고 있음에 주목해야 한다. '며례 김'의 말이 당위성을 확보할 수 있었던 것은 그것이 문명한 서구의 윤리였기 때문이다. 채홍의 삶과 죽음을 통해 우리는 당시 일상에서 그 영향력을 잃지 않고 있었던 유교적 윤리의식과 새로이 등장한 서구적 윤리의식의 이중적 구조와 이것이 초래한 갈등 양상을 읽을 수 있다. 더불어 축첩제를 둘러싼 근대계몽기 가족윤리의 혼재 양상을 엿볼 수도 있을 것이다.

5. 에필로그—축첩, 도덕성의 문제?

근대계몽기 지식인들은 문명사회의 바람직한 부부관계의 전형으로서 일부일처의 부부관계를 제시하면서, 첩과 작첩한 남성, 딸을 기생이나 첩으로 파는 부모를 강한 어조로 비판했다. 남녀동등의 논리에 따라 남성 역시 여성과 마찬가지로 정절을 지켜야 했으며, 남편의 작첩에 대한 아내의 투기는 자연스러운 것이어서 칠거지악의 하나인 투기엄금도 인간이 지키기 어려운 윤리의식으로 비춰지기 시작하였다. 이러한 측면은 이전에는 찾아볼 수 없었던 새로운 윤리적 시각이긴 하지만, 과거와 마찬가지로 '처첩분별'을 강화함으로써 축첩제를 타파하고자 했다는 것을 함께 기억해야 할 것이다.

처첩분별의 강화를 통해 축첩제를 타파해야 한다는 논리가 안고 있는 가장 큰 문제점은 축첩제를 사회구조적인 맥락에서 접근하는 게 아니라, 개인의 도덕성의 부재에 따르는 문제로 인식하고 있다는 것이다. 따라서 '첩이 되지 말라'는 단순하고도 감정적인 차원의 해결책은 오히려 일상의 여성에게 유교적 여성윤리의식을 강화하는 결과를 낳았다. 많은 계몽지식인들은 개인의 도덕성의 회복을 통하여 축첩으로 인한 가족갈등을 방지하려 했던 것이다.

인간의 원만한 삶을 위한 윤리는 사회의 변화와 조화를 이루어야 한다. 왜냐하면 끊임없이 변화하는 일상의 삶으로부터 멀어질 때, 윤리는 '삶의 지혜'라는 그 본연의 기능을 수행하지 못한 채 거추장스러운 짐으로 남을 수밖에 없을 터이기 때문이다. 강요된 관념이 아니라 삶의 윤활유 역할을 하기 위해서라도 윤리는 경직된 것이어서는 안 된다. 그러나 축첩제를 둘러싼 논의에서 볼 수 있는 윤리의식은 근대계몽기의 시대변화를 수용하지 못하였고, 동시에 갈등을 해결하기 위한 적절한 지침을 제시하지 못함으로써 가족갈등을 해결하기보다는 오히려 가족갈등의 원인을 제공하기도 했다. 지금까지 살펴온 것처럼 우리는 '시대의 산물'인 윤리의식이 제 기능을 다하기 위해서는 시대의 변화를 수용해야 한다는 사실을 새삼 확인할 수 있다.

제4장 과부의 개가, 그 멀고도 험한 길

1. 과부개가금지의 연원

재가녀자손금고법(再嫁女子孫禁錮法)은 "재가부녀의 자손의 부과(赴科)를 금한다"는 항목, 즉 재가부녀의 자손은 "문과 및 생원 진사과에 응시할 수 없다"는 규정을 말한다. 이 금고법은 조선 사회에서 과부의 재가를 금하는 습속이 생겨나게 한 결정적 계기가 되었다. 실학자 이익은 "우리나라의 아름다운 풍속에 중국도 따르지 못할 것이 있는데, 미천한 여자가 절개를 지켜 개가하지 않는 것이다. 이는 국법이 개가한 자의 자손에게 청선(淸選)의 길을 허락하지 않기 때문"이라고 하면서, 여성의 수절을 조선의 미속(美俗)으로 꼽고 있다(이익, 『성호사설』 제6권). 재가녀자손금고법은 이익의 주장처럼 중국에서도 그 연원을 찾아보기 어려울 정도로 조선만의 특유한 법제였다. 이 법은 조선의 지배계급이 자신들의 이익을 위하여 만들어낸 정치적 산물이었다.

조선 전기 재가에 대한 규제는 시기적으로 볼 때 성종 이전까지는 주로 삼가녀에 대한 것이었고, 성종대에 재가녀의 규제에 대한 논의가 이루어지면서 재가녀자손금고법이 제정되었다. 즉 조선 전기의 재가금지는 고려 말의 그것과 유사한데 이는 주로 삼취(三娶)에 대한 규제였다. 이처럼 조선 전기에는 재가보다는 삼가(三嫁)가 문제였고, 재가 자체보다는 재가의 시기를 문제삼고 있다가 이후 금고법으로 법제화되었던 것이다. 재가녀자손금고법은 여성에 대한 직접적 성 통제의 핵심이며, 정절은 조선시대 통치 이데올로기라고 할 수 있다. 최소한 세종 때까지 재가는 실행(失行)이 아니었고, 여성의 재가를 실행으로 정의하는 일은 유교적 절의를 숭상하는 명분론에 근거한다고 보기는 힘들며, 재가를 실행으로 정의해가는 과정은 곧 정치적 담론화의 과정을 의미한다(조은, 1997).

정치적 논점이었던 재가녀자손금고법은 반포되는 과정에서부터 비현실성과 문제점이 제기되었고, 합법화된 이후에도 논란이 끊이지 않았다(이상백, 1978; 김용덕, 1976; 박용옥, 1976; 박남훈, 1991). 특히 연산군 3년에 있었던 논의는 이 법을 둘러싼 찬반 대립을 잘 드러내고 있다. 재가녀자손금고법안에 반대하는 사람들은 이 법안이 사실에 합당하지 않고, 시기에 맞지 않으며, 유능한 인재를 등용하지 못하게 할 뿐만 아니라 부녀자의 원한을 증대시킨다는 현실주의적인 입장을 취했다. 그러나 반대로 "재가금지를 완화해서는 안 된다"고 주장하는 쪽에서는 재가는 전조(前朝)부터 있었던 풍속이고 사족(士族)의 집에서도 재가(再嫁) 또는 삼가(三嫁)하기 때문에 이를 완화해서는 풍속을 바르게 할 수 없다는 유교적 가치관에 입각한 이상주의적인 입장을 피력했다(박남훈, 1991).

따라서 재가녀자손금고법이 반포된 초기에는 이 법안이 철저히 시행되지 못하였다. 그러나 중종 이후 경외사족(京外士族)의 부녀로서 재가한 자에 대한 조사, 재가녀의 가장들에 대한 치죄(治罪), 재가녀의 아버지에 대한 파직조치, 재가녀를 처로 삼은 자에 대한 징계 등으로 그 처벌은 점점 강화되었다(이옥경, 1985). 후기로 갈수록 조선은 소중화(小中華)를 자처하면서 중국보다 더욱 중국적이 되길 소망했으며, 이러한 열정은 정치적 요인과 맞물리면서 이 법을 더욱 공고하게 했다. 금고법은 당시의 실상을 반영한 법제가 아니라 실상을 규율하고자 하는 법제로서, 고려시대는 물론이고 금고법이 반포된 즈음에도 과부의 재가는 흔한 일이었으며, 정절 이데올로기도 여성의 보편적 윤리의식으로 내면화되지 않고 있었다.

그러나 조선의 통치자들은 재가녀자손금고법을 매개로 하여 여성의 정절을 더욱 미화하고자 하였다. 이를 위하여 조선조는 건국 초부터 열녀전을 수입하여 보급하였으며, 정표(旌表), 복호(復戶), 면천(免賤)이라는 국가적 보상책을 제시하기도 했다. 열녀는, 양반에게는 영락한 가문을 다시 일으키는 수단이었고, 양인에게는 과중한 요역의 부담에서 벗어날 수 있는 활로였으며, 천민에게는 신분을 상승시킬 수 있는 유일한 통로였다. 열녀는 한 여자의 희생으로 일족이 살아갈 수 있는 하나의 방편이었던 셈이다(이옥경, 1985). 이러한 정책은 정절 이데올로기가 민풍화(民風化)되는 결정적 요인으로 작용하였으며 동시에 포상을 받기 위한 열녀 행위가 점차 극단으로 치닫는 배경이 되었다. 근대계몽기에도 극렬한 방법으로 열행(烈行)을 실천하는 과부를 신문과 소설에서 어렵지 않게 발견할 수 있다. 당시의 열행은 크게 ① 남편 사망 후 그 남편을 따라 자결을 하는 '종부(從夫)'의 경우, ② 남편이 병에 걸렸을 때 손가락이나 허벅다리 살을 자른 후 그 피와 살을 남편에게 먹이는 경우, ③ 삼년상을 정성껏 치르는 경우, ④ 남편의 시신을 잘 거두고 묘를 잘 돌보는 경우, ⑤ 실행을 하지 않기 위해 자결하는 경우로 정리할 수 있다(전미경, 1999, 141~151).

2. 과부개가금지론의 실상과 특성

1) 과부개가금지를 둘러싼 근대계몽기의 일상

1894년 단행된 갑오경장의 14대 개혁안에는 "혼자된 여성은 신분의 귀천을 막론하고 재가하도록 해야 한다(寡女再嫁無論貴賤)"는 조항이 포함되어 있다. 이 개혁안에서도 천명되었듯이 "과부의 개가금지"는 당대 주목받는 악습의 하나였다. 개가금지를 악습으로 여기게 된 주요한 배경은 남편 없이 살아가야 하는 이들의 경제적인 생활고와 과거(寡居)를 비참한 삶으로 보는 시선에 있었다. 신문은 과거하는 청상을, 적막한 공방(空房)에서 살면서 자나 깨나 슬픔이고, 새 짐승이 쌍쌍이 노는 것만 보아도 한탄이며, 백화가 만발한 봄날 천지간 만물이 모두 즐기어 있을 때조차도 "홀로 수심"에 차 있는 존재로 소개한다(『제국신문』, 1907.10.10). 민치헌 역시 과부개가허용을 요구하는 상소를 올렸을 때 과부들의 "외로운 정상과 밤 베개의 탄식소리는 보는 자의 창자를 찢어지게 하며 듣는 자의 골을 서늘"하게 한다고 하였다(『제국신문』, 1900.12.5).

당시 과부개가금지 습속은 갖가지 사회문제를 야기하고 있었다. 그 대표적인 것으로 과부들의 참혹한 경제적 상황과 함께 일상에서 묵인되었던 '과부 업어가기', 이른바 과부보쌈을 지적할 수 있다. 과부의 생활은 신분과 경제력에 따라 달라지게 마련이다. 그러나 당시의 붕괴된 신분제로 인하여 과부들의 생활 양상을 가름하는 보다 근본적인 결정요인은 경제력이었다고 할 수 있다. 매일의 끼니가 염려스러운 여염집 여성에게 과부의 수절은 사치스러운 것일 수 있다. 따라서 여성이 돈을 벌 수 있는 사회적 장치가 미비한 당시의 상황에서 경제력이 없는 과부의 개가는 그야말로 생존을 위한 선택이었다. 이러한 과부들의 삶을 구제하기 위한 방책으로 민가에서는 '과부보쌈'이 용인되었고, 이와는 의미가 다르다 할지라도 사대부가에서도 드물지만 친정아버지나 친정오빠의 묵인 아래 과거하는 딸이나 누이의 보쌈이 이루어지기도 하였다.

　　그러나 이런 의도와는 무관하게 동네 과부를 "아주 주인 없는 물건"으로 알아서 이웃집 무뢰배들이 "공갈하여 빼앗아 오는" 공공연한 과부보쌈 풍속(『제국신문』, 1907.6.21)은 간과할 수 없는 사회문제였다. 과부보쌈에는 당사자의 의사가 반영되지 않은 경우가 허다하였기 때문에 보쌈당한 많은 수절과부가 자신의 실행을 수치스럽게 여겨 자결하는 사례가 비일비재했다(『황성신문』, 1907.6.21; 『대한매일신보』, 1907.7.4; 1910.6.26). "개가법은 튼다튼다 하면서 왜 아니 트노. 제 속으로 난 자식을 제가 못 기르고 다리구멍에 내버리니 사람이 차마 할 노릇인가"(『황성신문』, 1907. 8.23)라는 글에서도 알 수 있듯이, 과부의 개가금지로 인해 자식을 유기하는 일도 빈발했다. 과부개가를 허용해야 한다는 주장이 전면에 떠오른 것도 이러한 사회문제 때문이었다.

　　갑오경장 개혁안에 과부의 개가 허용이 반영되긴 했지만 실제로 과부가 개가를 하는 것은 결코 쉬운 일이 아니었다. 여성의 정절윤리가 조선 중앙정부의 꾸준하고 강력한 강제책과 유인책 그리고 사회화 과정을 통해 그 기반을 단단히 할 수 있었음을 고려한다면(이옥경, 1985), 한 번의 법 제정으로 그 개가법이 실생활에서 제대로 실천될 수 없었다는 것은 어찌 보면 당연한 일이다. 이런 상황에서 과부개가 허용을 주장하고 나선 지식인들은 사대부 지배계층에서부터 모범적으로 실천할 것을 요구하였다. 과부의 수절을 가문의 영예로 여겼던 사대부가에서도 이제는 개가를 개화와 문명의 상징으로 바라보기 시작했다. 당시 신문을 통해 소개된 주목할 만한 사대부가 과부의 개가 사례로는 제도국 총재 김윤식의 과거(寡居)하는 외손녀와 상배(喪配)한 시종(侍從) 이교영씨의 혼례(『대한매일신보』, 1908.7.8), 상처한 대한신문사의 신광희와 25세 된 과부의 결혼(『대한매일신보』, 1908.12.19) 등이 있다. 그밖에 신문에서 찾아볼 수 있는 과부개가 소식으로는 전판서 남정철의 홀로 사는 15세 질녀가 곧 성혼할 예정이라는 기사(『대한민보』, 1910.3.15), 통감부 기수인 홀아비가 과부를 널리 구하다 사기 당한 사건(『대한매일신보』, 1908.9.29), 궁내부 시종의 어머니가 개가한 사례(『대한매일신보』, 1910.6.7), 그리고 전 판서 서상우씨의 과거하는 23세의 딸이 학부위원 어재승씨와 결혼하기로 정하였다는 소식(『대한매일신보』, 1908.9.16) 등이 있다. 그렇다면 과부개가를 실천한 이들 소수자들은 그 당위성을 어디에서 찾았을까?

2) 과부개가허용론의 실체

(1) 계몽의 이분법과 과부개가금지

근대계몽기는 일상에서 '서구'와 '문명'을 실감할 수 있는 시기였다. 거침없이 유입되는 열강의 문물은 조선의 전통적 문물을 새롭게 인식하도록 했다. '서구'는 조선의 제도와 윤리를 재단하는 척도이자 모델이었다. 개화는 문명화=서구화를 의미했으며, 일본을 포함한 서구 열강은 조선의 '미래'였다. 힘의 논리를 앞세워 조선을 무력화시키고 있는 열강 앞에서 조선은 열강보다 더욱 강한 열강, 즉 문명국이 되기를 열망했다. 그런데 '문명'은 야만의 타파를 통해 얻을 수 있는 것이었다. 서구를 본받아 '문명조선'을 이룩하고자 했던 계몽지식인들은 조선의 일상을 문명과 야만이라는 이분법적 잣대로 재편했다. 서구 / 조선, 문명 / 야만, 기독교 / 이교(미신), 신 / 구, 개화 / 수구, 부강 / 나약 선 / 악, 깨끗함 / 더러움, 건강 / 질병 등과 같은 엄격한 이분법에 따라 과부개가금지도 대표적인 야만적 악습이 되어 '계몽의 처분'을 기다려야 했다.

> 조선 풍속 같으면 청상과부가 시집가지 아니하는 것을 가장 잘난 일로 알고 일평생을 근심 중으로 지내나, 그러한 도덕상의 죄가 되는 악한 풍속은 문명한 나라에는 없는 고로, 젊어서 과부가 되면 시집가는 것은 천하만국에 부끄러운 일이 아니라. 정상(井上) 부인이 어진 남편을 얻어 시집을 간다.
>
> —『혈의루』, 『한국신소설전집』 1권, 35

일본과 같은 문명한 나라에서 개가는 조금도 부끄러운 일이 아니기 때문에 『혈의루』에 등장하는 일본인 정상부인은 "어진 남편"을 얻어 개가한다. 이렇게 문명국에서는 자연스럽게 일어나는 일들이 조선에서 허락되지 않는다는 사실은 조선이 야만국이라는 것을 반증한다. 조선에 왜 이렇듯 '야만적인' 습속이 남아 있는가. 계몽지식인들은 먼저 그 기원을 따지고 든다.

> 我朝 법전에도 원래 부인의 개가를 禁制함이 아니라 特其 개가녀자손은 勿許淸宦이라 함으로 由하여 사대부가로부터 一大防範을 삼아 일반 평민까지 풍습을 馴成하야 遂히 改嫁一事로서 가문의 막대한 수치와 비상한 변괴로 인지한지라.
>
> —〈개가법 개방〉, 『황성신문』, 1908.7.11

이 글에서 볼 수 있듯 당시 계몽지식인들은 개가금지가 일반의 혼속(婚俗)으로 귀착된 결정적 계기를 재가녀자손금고법으로 파악하고 있었다. "개가자손은 불허청환(不許淸宦)이란 구법(勾法)이 있은 후로 인가에 청상이 출하면 일가의 화기가 멸망함은 생각지 아니하고 청환의 전정(前程)이 폐절(廢絕)할가 망려(妄慮)하"(『황성신문』, 1899.5.12)게 되었다고 하면서, 개가금지의 연원을 금고법으로 보고 있는 것이다. 그것은 "황희 황정승의 일시 실언"으로 인한 변괴였다(『탄금대』, 『한국신소설전집』 5권 : 236). 이처럼 재가녀자손금고법은 과부의 개가를 금하는 강력한 기제였고, 당시 지식인들은 이 사실을 직시하고 있었다.

그런데 흥미로운 것은 과부개가금지가 조선에서 유래하게 된 시발점을 '중국'으로 설정하고 있다는 점이다.

우리나라에서 본래 여자의 개가함을 법률로써 금한 것이되, 개가한 사람의 자손은 청환을 시키지 않는 고로 사대부가 이것을 부끄러워하여 행하지 않으며, 또한 지나의 옛 사람의 열녀는 불경이부라 하는 말을 잘못 해석하여 남자는 두 번 세 번 장가를 들어도 여자는 불행하야 한 번 과거하면 두 번 시집가지 못하게 하였는데, 여러 백년 사이에 자연히 풍속이 되어 하늘이 정한 법으로 알고 감히 행치 못하는도다.
　　　　　—〈여자의 개가를 허할 일〉, 『제국신문』, 1907.10.10

이 주장에 따르면 야만적인 개가금지 풍속은 원래 조선 고유의 풍속이 아니라 중국의 풍속이다. 당시 중국은 더 이상 세상의 중심인 '중국(中國)'이 아니라 변방의 하나에 불과한 '지나(支那)'로 명명되었는데, 이러한 명칭 변화에서도 알 수 있듯이 조선 내에서 '중국'은 배척의 대상이었다. 특히 청일전쟁 이후 일본의 승리는 이러한 구도를 더욱 공고하게 다졌다. 진흙투성이의 서소문안 길이 얼마나 더럽고 지저분한지를 설명하는 다음 장면은 당시 계몽주체들이 청을 얼마나 비하하고 있었는지 적실하게 보여준다.

> 청국 서울 북경서 이런 길을 한 번 보고 또 한 번은 꿈 속에 지옥에 들어가서 본즉 지옥에 가는 길이 이 길과 같으나 지옥 길에서는 냄새는 이렇게 나지 않더라.
>
> —『독립신문』, 1897.2.2

청의 수도 북경은 지옥과 같이 더럽고 야만적인 '악'의 공간이다. 그런데 중국의 몰락이 이 글에서 중요한 것은 붕괴된 중국의 위상이 유교적 윤리의식의 당위성에 심각한 손상을 가하고 있기 때문이다. 과거 조선은 '소중화'로서의 자부심을 가지고 중국보다 더 '중국적'인 나라가 되려 하였으나, 쇠약한 중국을 보면서 유교의 가족제도 및 가족윤리의 타당성에 강한 의문을 제기하기 시작했던 것이다.

(2) 과부개가금지 또는 '국민' 생산의 걸림돌

이 시기 제국주의 열강은 두려움의 대상이기도 했지만 동시에 '경이'의 대상이기도 했다. 조선인들은 두려움의 감정을 수습하면서 열강을 하나하나 탐사하기 시작한다. '그 무엇'이 지금의 열강을 있게 하였는가. 열강이 갖고 있는 '그 무엇'을 조선은 왜 갖고 있지 못하는가. 계몽지식인들은 그 물음에 대한 해답의 하나를 '건강한 인종'에서 찾았다. 계몽적인 글들은 "인구는 곧 국력"이라는 슬로건 아래 국력을 키우기 위한 일환으로 건강한 국민의 생산에 주목한다. 당시 대표적인 악습의 하나로 지목받았던 조혼폐지론의 근거도 조선 인종을 감소시킨다는 데 있었다(『황성신문』, 1909.9.3; 9.4).

20세기 인종론은 세계적인 화두였다. 우생학적 차원의 인종개량 논의와는 별개로 조선인 앞에 나타난 서양인은 그 큰 덩치만으로도 조선인을 압도하기에 충분했다. "백인종은 오늘날 세계 인종 중에서 제일 영민하고 부지런하고 담대한" 인종(『독립신문』, 1897.6.24)이라는 표현에서 알 수 있듯이, 그들의 장대한 신체와 경이로운 문물은 조선이 나아가야 할 방향을 결정짓는 일종의 좌표였다. 조선이 열강으로 거듭나기 위해서 강건한 '몸'을 만들고 육성하는 것은 필수불가결한 일이었다.

그리하여 국가의 구성원인 '국민'의 강건함을 방해하는 제도는 척결의 대상이 되었고, 과부개가금지 역시 이러한 차원에서 비판의 대상이 되었다. 즉 국민생산의 기능을 보유한 젊은 여성에게 수절을 강요하는 과부개가금지는 '인종'의 감소를 초래하는 제도였던 것이다.

청상(靑孀)을 "규중(閨中)에다 처박아 두어 한숨과 눈물로 누에 늙히듯 일생을 허도하게 잡도리"(『홍도화』, 『한국신소설전집』 6권 : 311)하는 과부의 삶은 그야말로 낭비적인 인생의 전형이 된다. 이렇듯 개가금지는 국력을 쇠약하게 하는 악습으로 인식되었다. 따라서 현명한 여성은 국가를 위하는 삶의 본보기를 보여주기 위하여 개가를 실천해야 했다.

> 나 같은 과부가 수절이니 정절이니 하고 세상에 났던 보람없이 아무 재미 모르고 그대로 시들어 죽든지 자결을 하여 죽든지 그런 얼뜨고 어림없는 일이 어찌 있어? 개가를 해서라도 악한 행실만 아니하고 유지한 남편의 배필이 되어, 적게 가정윤리를 바르게 하고, 크게 사회 습관을 개량하면 비단 내 한 몸의 철천지한(徹天之恨)을 풀어볼 뿐 아니라, 이 세상에 몇 만 명 내 신세와 같은 사람의 본보기가 되어 일체로 원통한 세월을 면하고, 화락한 천지를 만나게 되면 그 영원무궁한 사업이 어찌 구구한 작은 생각으로 천금같은 생명을 버려 물거품 저지듯 났던 흔적도 없어진 것에다가 비할 수 있나!
>
> —『홍도화』, 『한국신소설전집』 6권, 389

『홍도화』의 태희에게 정절을 지키면서 삶을 마감한다거나 수절을 위해 자결하는 것은 얼뜨고 어림도 없는 일이다. 태희는 수절에서 세상에 태어난 보람을 조금도 찾을 수 없었다. 그녀에게 보람 있는 일이란 "유지(有志)한 남편의 배필이 되어 적게는 가정윤리를 바르게 하고 크게는 사회습관을 개량"하는 것이었다. 개가는 그녀의 한을 풀 수 있는 길이었으며, 조선 내 몇 만 명의 과부들에게 바람직한 본보기를 제시함으로써 이들의 "원통한 삶"을 구제하는, 그리하여 조선의 "화락한 천지"를 건설하는 "영원무궁한 사업"이었다. 즉 과부 태희에게 개가는 국가를 위하는 일종의 애국적 '실천'이었다.

이처럼 과부개가는 결코 과부 개인의 층위에서 논의된 것이 아니었으며, 사회와 국가의 층위에서 조망되었다. 『홍도화』는 같은 내용의 이야기를 되풀이한다. 예를 들어 과부가 된 딸의

삶에 대한 안타까움을 표현하는 태희 아버지에게 개화인사 김
참서는 다음과 같이 말한다.

> 자식을 내가 낳았다 뿐이지 남녀를 물론하고 막중한 국민의 한 분자된
> 이상에 어찌 죽기를 바라며, 또 지금 이같이 개명(開明)하여 오는 이십세
> 기에 그저 정신을 못 차리고 양반이니 상것이니, 잠꼬대를 한단 말인가?
> (…중략…) 사정으로 말하면 나의 금옥같이 귀한 자식에 못할 노릇을 하여
> 욱을 자르고 소금을 치러들며, 또 공익(公益)으로 말하면 청상과부(靑孀寡
> 婦)를 억지로 수절케 하여 국가 생산에 큰 손해가 되게 한단 말인가?
> ―『홍도화』, 『한국신소설전집』 6권, 294

김참서에게 자식은 더 이상 부모의 소유물이 아니다. 자식은
"막중한 국민의 한 분자"이며, 그에 상응하는 역할을 수행해야
한다. 모두가 국민으로서 자신의 역할을 수행해야 하는 마당에
개가를 금하는 관습은 "국가 생산에 큰 손해"가 된다. 청상에게
수절을 강요하는 것은 건강한 젊은 여성에게 조선의 미래를 짊
어질 자녀를 낳아 기르는 '국가 생산'의 임무를 수행하지 못하게
하는 것이며, 이것은 국가적으로 볼 때 "큰 손해"라는 것이다.
　이와 같이 개화 인사들은 과부개가금지라는 혼속을 악습으로
규정하고 더 나아가 국가적 이익을 방해하는 미개한 풍속으로
몰아갔다. 이러한 논리는 과부개가금지가 타파되어야 하는 당위
적 근거로 제시된다.

3) 과부의 개가, 어떻게 진행되어야 하는가

(1) '과부'의 선택

과부개가를 허용해야 한다는 주장은 '남녀평등'이라는 준거가 있었기에 가능했다. "아내가 죽으면 후위하는 것은 저희들의 옳은 법으로 작정하였고, 서방이 죽으면 개가하여 가는 것은 천히 여기니 그것은 무슨 의린지 모르겠다"(『독립신문』, 1896.4.21)는 개탄은 개가에 있어 성별에 따라 다르게 적용되는 공평하지 못한 기준에 대한 불만의 표출이었다(『황성신문』, 1899.5.12; 『홍도화』, 『한국신소설전집』 6권 : 308~309). 남자와 여자가 인간으로서 '동등하다'는 인식과 더불어 남성과 여성의 과거 행위 역시 공평한 시각으로 바라보아야 했다. 과부의 개가를 허용해야 한다는 주장은 남성과 동등한 여성의 권리를 전제로 삼고 있었다. 그렇다면 과부개가허용론은 궁극적으로 여성의 권익을 보호해주는 장치가 되었을까?

다음 인용문은 문명의 시대로 접어든 조선에서 과부의 개가는 허용되어야 마땅하지만, 현실적으로 개가를 할 것인지 여부는 전적으로 과부 자신의 선택에 달려 있다고 말한다.

> (과부) 당자로 말하여도 행세 보노라고 평생을 서럽게 지낼 까닭이 없으니 행세에 구애치 말고 천성대로 개가를 하든지 수절을 하든지 임의대로 하시오.
>
> —『대한일보』, 1904.7.10

과부들로 말하여도 본래 행실이 탁월하여 송죽같이 굳은 절개와 금석같

이 단단한 마음으로 평생을 맞추고져 하는 이는 그 뜻을 가히 빼앗지 못하
려니와……

—〈경고 각 사회상〉, 『제국신문』, 1899.10.14

『대한일보』의 필자는 과부가 개가를 하든지 수절을 하든지
그것은 "임의대로" 결정할 일이라고 말한다. 자신과 가족의 명
예 등 '행세'에 구애받지 말고 '천성'대로 개가든 수절이든 하라
는 것이다. 이 글에서 중요한 것은 과부 본인의 '의지'를 강조하
고 있다는 점이다. 반면 『제국신문』의 필자는 개가 여부에 있어
과부의 의사가 존중되어야 한다고 말하고 있긴 하지만, 그보다
는 개가를 강권해서도 안 된다는 것을 강조한다. 이런 주장이
나올 수 있었던 것은 과부의 개가를 허용하는 일련의 법안과 이
와 관련된 주장이 일상에 적지 않은 변화를 몰고 왔기 때문이
다. 저간의 사정을 우리는 각 신문의 잡보란에 실린 기사들에서
읽을 수 있는데, 당시 과부개가허용의 법제화에 힘입어 수절하
고자 하는 과부의 의사와 상관없이 친정 부모나 형제들의 강권
에 의하여 개가나 보쌈이 이루어지는가 하면, 이를 실행(失行)으
로 여겨 자결하는 사건이 적지 않았다.5)

대저 남녀가 작배함은 인도의 비롯함이니 가히 억지로 구하며 강박히 행

---

5) 자신의 의지와 관계없이 개가를 강요당한 사대부가의 과부가 수절하겠다는
  의지를 분명히 함으로써 파혼을 한, 대표적인 사례는 다음과 같다. 전 판서 서상
  우씨의 과거하는 23세의 딸은 학부위원 어재승과 결혼하기로 정해졌다는 소식
  (『대한매일신보』, 1908.9.16)은 사대부가에서는 선구자적인 개가 사례로 사회의
  주목을 받았으나, 15세에 상부한 과부 딸의 "貞固一心이 其節을 不變"했기에
  파혼되었으며, 이에 신문은 그 신부의 수절의지를 "誰ㅣ 能히 통혼ᄒ며 誰ㅣ
  能히 奪志ᄒ리오"라고 평하고 있다(『황성신문』, 1908.9.27).

윗글은 당시 만연했던 과부 보쌈을 전국에 걸쳐 금한다는 소식을 전하면서 남녀의 작배(作配)는 "인도(人道)"에서 비롯되기 때문에 그것은 억지로 구하거나 강박할 성질의 것이 못된다고 말하고 있다.

과부의 개가에 있어 본인의 '의사'와 '선택'이 가장 중요하다는 견해는 여성을 주체적 존재로 보고 있다는 증거라 할 수 있다. 그런데 수절을 지키겠다는 과부의 의지를 존중해 주어야 한다는 주장 또한 설득력을 얻고 있었다. 개가를 선택할 수 있는 주체로서의 여성의 권리가 중요한 것처럼 여전히 '수절'이 미덕인 상황에서 실행(失行)하지 않겠다는 여성의 '올바른' 선택 역시 존중되어야 했던 것이다.

(2) 새로운 사상, 낡은 '의례'

근대계몽기 과부개가허용론에서 발견할 수 있는 흥미로운 점은 유난히 '의례'를 강조하고 있다는 것이다. 아무리 과부의 결혼이라 할지라도 부부를 맺을 때는 정식의 '육례(六禮)'를 갖추어야만 했다.

근대적 미디어인 신문에서 과부의 개가를 금하는 조선의 관습을 강하게 비판하고, 유수한 사대부가 과부들의 결혼이 '문명'의 이름으로 찬양되고 있는 상황은 분명 과부의 결혼을 용이하게 하는 요인이 되었을 터이다. 그런데 개가에서 문제시되는 것은 부부를 맺는 일련의 과정이 지나치게 '가볍다'는 사실이었다.

설혹 개가하는 자가 있더라도 남의 침 뱉고 꾸짖음을 두려워하여 감히 예법으로 친영하는 일이 없어서 유장찬혈(逾牆鑽穴)하는 것을 면치 못하니 어찌 예법에 어김이 아니리까. (…중략…) 지금부터 사람의 집에 소년과부가 있는 자면 반드시 택일하고 폐백을 드리고 한결같이 혼인예법을 차리되, 십오 세부터 이십 세까지는 초취로 하고 삼십 세로 사십 세까지는 재취, 삼취로 하고……

—『제국신문』, 1900.12.5

위의 상소문에서 민치헌은 사대부와 선각자들이 과부를 개가시킬 때 반드시 초혼과 마찬가지로 '육례'를 거쳐야 한다고 주장한다. 과부의 개가는 남자와 여자가 사사로이 합하여 부부라 칭하는 "음란한 행실"과는 질적으로 다른 것이었다. 육례도 치르지 못하고 남녀가 부부로 살면서 아이를 낳는다면, 그 아이는 부끄러운 "사생자(私生子)"일 수밖에 없었다. 그러므로 조선은 세계의 문명한 혼인법을 참작하여 혼례에 관한 새로운 법규를 저정하고, "인류의 명분"과 "이십세기 천하의 아름다운 풍속"을 서워야 했다(『제국신문』 1907.10.10).

당시 본인의 개가 의지에도 불구하고 형식적이고 공식적인 '예(禮)' 없이 이루어진 사실혼은 가족과 사회로부터 비난받았다. 과부의 수절이 여전히 아름다운 부덕(婦德)으로 여겨지는 가운데 개가로 인한 갈등을 외형적으로 막을 수 있는 장치가 고안되어야 했는데, 그것은 과부의 개가라 할지라도 흠 없는 부부로 맺어지기 위해서는 반드시 '육례'를 거쳐야만 한다는 것으로 의견이 모아졌다. 과부의 개가는 '과부'이니 만큼 더욱 '엄격'한 형식이 필요했던 것이다. 여기에서 과부의 개가가 기존의 혼례의 의미 변화와 무관하게 진행되고 있었음을 알 수 있다.

3. 정절윤리의 강화

　과부개가허용론은 여성에게 정절의 윤리를 강요해서는 안 된다는 것을 전제로 깔고 있었다. 처가 있는 남편이 첩을 얻는 것을 묵인하는 상황에서, 젊은 나이에 혼자된 여성에게 남은 인생을 죽은 남편의 '처'로 살아가도록 하는 것은 지나치게 가혹하다는 것이다. 그러나 이러한 주장은 여성의 정절을 부당한 윤리로 규정짓는 것이 아니었다. 오히려 정절의 덕목은 더욱 고매한 윤리로 간주되었다.

　"가난한 여편네가 소년에 과부가 되면 개가하여도 무방하다"(『독립신문』, 1896.4.21)는 주장은 단지 개가를 허용해야 한다는 것에 그치지 않는다. 여기서 주목해야 할 것은 '소년'인데, 이것은 개가허용이 모든 과부에게 해당되는 것이 아니었다는 것을 뜻한다. 과부에게 수절을 강요하는 것이 "과격한" 경우가 있었으니, 그것은 양가(兩家)가 택일단자만 받은 상황에서 남편이 사망한 경우거나, 성례(成禮)는 했지만 합례(合禮)도 치르지 못한 상태에서 신랑이 죽은 경우이다. 스물 안팎의 과부이거나 자식이 없

는 서른 전후의 과부는 수절할 이유가 없다는 것이다(『대한일보』,
1904.7.10). 다시 말해 조선 안에 있는 모든 과부에게 개가의 권리
와 자유가 보장되는 것이 아니었던 셈이다. 자식을 두고 개가할
경우에는 여전히 타인의 비난에서 자유로울 수 없었다(『제국신
문』, 1907.10.6). 다만 무자(無子)한 "소년상부(少年喪夫)"의 개가만이
그 당위성을 확보할 수 있었다. 과부개가허용론자들은 청상의
수절을 가혹한 것으로 보고 '어린 과부'의 개가를 적극적으로
옹호했으나, 그렇다고 해서 이것이 정절윤리의 타파를 의미하는
것은 아니었다. 과부개가허용론이 "유교적 부덕(婦德)"을 거부하
는 것이 아니라, 오히려 정절을 고결한 윤리 덕목으로 격상시키
고 있다는 것은 다음 인용에서 단적으로 드러난다.

> 大抵 婦人이 不幸히 其所天을 喪하면 貞節을 守하여 之死靡他함은 淑
> 德烈行의 卓異한 者라. 故로 朝家에서 旌表의 典을 施함이 有하나 此는
> 特其貞烈의 性이 出天한 婦人이 能할 바이요, **普通婦人**의게 **責할** 바 아니
> 라, 若我韓의 俗과 如할진대 一般婦人界의 不改適함이 爲其通常하니 어
> 찌 貞烈의 名稱이 特有하리오
>
> ―〈과부법 개방〉, 『황성신문』, 1908.7.11

위 인용에 따르면 정절은 "정행(貞行)"이 뛰어난 일부 여성들
의 실천윤리이지 보통의 여성에게 강요할 게 못 된다. 정절윤리
는 여전히 여성에게 중요한 윤리강령으로 받아들여지고 있었다.
이것은 실절(失節)이 가문의 욕이 되므로 차라리 개가하는 것이
바람직하다는 주장에서도 확인할 수 있다(『제국신문』, 1899.10.14).
　당시의 피폐한 경제적 상황은 여성의 정절을 더욱 강조하는

배경으로 작용하였다. 끼니를 걱정해야 하는 사람들은 생존을
위하여 딸을 매매하는 경우가 허다하였다. 여아의 나이에 따른
지참금 액수가 공공연하게 오고갈 정도로 매매혼이 만연했고,
서울에서만 대략 "이천 오백 명"의 매음녀가 있었다는 기사(『대
한매일신보』, 1909.4.3)에서도 짐작할 수 있듯이, 급증하는 매음녀들
은 커다란 사회문제로 떠오르고 있었다. 이러한 상황은 지식인
은 물론이고 일반인들에게도 전통적인 성윤리의 붕괴로 비춰지
기에 충분했다. 이것이 수구파들은 물론이고 계몽의 선각자들까
지 '정절'을 강조하는 배경이 되었다고 할 수 있다.

　과부개가론에서 "정절은 모든 여성이 지킬 수 없는 매우 고
매한 윤리강령"이었다. '재가녀자손금고법'은 이미 그 실효성을
잃었고, 약화된 중앙정부는 강력한 '정표정책(旌表政策)'을 시행
할 수가 없었다. 이러한 요인은 정절윤리를 흔드는 계기가 되었
다. 과부개가금지로 인한 적지 않은 사회문제, 문명의 이름으로
실천되는 사대부가의 개가, '정절'을 강제하지도 유인하지도 못
하는 무력한 정표정책은 분명 일상에서 과부의 개가를 증가시
키는 주요한 원인으로 작용했을 것이다. 이러한 상황에서 여성
의 '정절'은 어디에 자리하고 있었을까? 여전히 여성의 정절을
소중한 덕목으로 고수하면서 과부의 개가도 허용해야 하는 상
황은 정절을 "모든 여성이 지킬 수 없는 매우 고매한 윤리강령"
으로 만들 수밖에 없었다.

　근대계몽기 과부개가론은 정절윤리가 우리 사회에서 서서히
'의무초과'적 개념으로 정착되고 있었음을 보여준다. '의무초과'
라는 개념은 '의무(duty)'라는 개념과 비교하면 쉽게 이해할 수

있다. '의무'는 싫든 좋든 마땅히 해야 할 책임 있는 행위를 말하지만, '의무초과'는 찬양 받을 만한 훌륭한 행위이기는 하지만 반드시 해야 할 당위성은 없는 행위를 가리킬 때 사용되는 말이다(김태길, 1990 : 60). 열(烈) 관념 즉 정절윤리는 삼국시대 이래로 본받아야 하는 고매한 여성윤리로 강조되어 수많은 '미덕'을 만들어냈으며, 조선 중앙정부의 줄기찬 노력에 힘입어 특수한 신분계층에 국한된 윤리가 아닌 보편적 규범, 당위의 규범으로 정착하였다. 그러나 근대계몽기에 이르러서는 정절윤리를 모든 여성에게 강요할 수 없는 상황에 직면했고, 정절은 일부 고매한 품격을 지닌 소수 여성의 윤리로 강조되면서 '의무초과'적 규범으로 정립되었다.

4. 에필로그

근대계몽기 담론 형성의 주체였던 지식인들은 무엇보다도 '국가'를 염두에 두고 과부개가금지를 조명하였다. 물론 그들은 과부들의 피폐한 경제 상황과 '독수공방' 생활의 부당성도 주목하고 있었다. 그렇지만 개가금지가 부당하다는 논리적 근거는 이들 과부의 생활보다는 '국가'라는 층위에서 제시되었다. 개가금지는 국민을 재생산할 수 있는 능력을 보유한 청상에게 수절을 강요하는 것이었으며, 국가적 경쟁력을 저해하는 걸림돌이었다.

과부는 개가 여부를 결정할 선택권자로서 인정되고 있었으나, 이것은 수절하고자 하는 과부의 뜻을 강탈해서는 안 된다는 측면에 초점이 맞추어진 논의였다. 또 과부의 개가라 해도 반드시 '육례'를 거쳐야 한다는 주장은 전통적 결혼관이 그대로 지속되고 있었음을 말해준다. 그러나 개가허용론에서 주목해야 할 것은 이 주장이 정절의 윤리를 타파하는 것이 아니라, 수절을 지키는 것은 보통의 여인이 감내할 수 없는 규범이라고 하면서 정절윤리를 더욱 고매한 윤리로 만들고 있다는 점이다. 정절은 '의무초과'의 규범이 되었다.

"여성을 억압하는 성적 규범이라는 것이 근대 이후에 훨씬 더 견고해진 것이 아닌가"라는(고미숙, 2000 : 130) 의구심이 들 정도로 여성의 정절은 근대계몽기 신문과 신소설에서 끊임없이 강조되었다. 지식인들이 과부개가금지가 '여성'을 억압하는 굴레라는 것에 공감했다 할지라도 또 다른 목적을 가지고 이 굴레의 제거를 주장했다는 점을 간과해서는 안 될 것이다.

남녀동등론의 진의(眞意)

1. 여성의 발견

관습은 그 문화권의 사람들의 행동에 일반적으로 제재를 가하는 사회적 규범의 하나로서 비교적 긴 시간에 의해 만들어진 어떤 고정관념을 의미한다. 관습이 오랜 자기 수정의 과정을 거쳐 합리적이고 세련된 모습을 갖추면 그것이 바로 그 사회에 있어서 윤리 또는 도덕으로서 권위를 획득하게 된다(김태길 외, 1989 : 43). 그러나 사회 제반의 변화는 당연히 존중되었던 혹은 묵인되었던 관습의 변화를 요구하는데 이것은 다시 새로운 윤리적 기준의 형성으로 이어진다.

이러한 관점을 전제로 하여 근대계몽기 남녀동등론에 주목하고자 한다. 당시의 남존여비적 일상은 '남녀동등'이란 새로운 윤리적 잣대로 조망되면서 타파해야 할 관습이 되었고, 이는 새로운 관습이 생성될 수 있는 '틈'을 제공하였다. 그러나 계몽의 주체들이 생산했던 남녀동등론은 "남성과 동등한 권리를 여성에게 부여하는 것" 이상의 의미를 내포한다. 이것은 여성이 새로운 인식의 지평 위에서 '발견'되었음을 의미한다. 남녀동등론은 과거와 전면적으로 다른 방식으로 '여성'을 사유하였고, 동시에 여성에게 새로운 규율들을 요구했다. 남녀동등론에서 읽을 수 있는 '근대'의 개시는 단순히 남존여비라는 낡은 개념을 남녀동등이라는 새로운 개념으로 대체하는 것이 아니었다. 그것은 '여성'에 대한 인식틀이 새롭게 확립되어 가고 있다는 하나의 증거였다.

한국의 근대성을 이해하는 데 있어 놓치지 말아야 할 것은 일상에 깊이 스며들어 우리가 오늘날 지극히 '자연스럽게' 받아들이고 있는 현상들로부터 그 속에 내재해 있는 독특한 역사적 권력관계를 파악할 수 있는 시선이다(장석만, 1997). 서구와 전통이 혼재(混在)된 오늘날의 일상의 시발점은 근대계몽기라 할 수 있다. 남녀동등론을 주장하고 나선 이 시기 계몽의 주체들이 '여성'을 어떻게 바라보고 있는가를 살펴보는 게 이 글의 목적이다. 남녀동등론은 남존여비적 일상의 타파를 의미하는 것이었고, 이것은 당시의 실정으로 미루어 볼 때 사회와 가정 안에서 여성이 처한 열악한 지위의 개선을 뜻했다. 남녀동등론은 여성을 새로운 시각에서 조명하였고, 이 가운데 생성되는 새로운 인식틀은 여성 역할을 새롭게 규정했다. 이제 근대계몽기 계몽의

시선에 의해 '발견'된 여성이 어떤 맥락에서 어떻게 재배치되는
지를 살펴보기로 한다.

2. '남녀동등' 또는 계몽의 지표

"우리보다 먼저 문명개화한 나라들을 보면 남녀가 동등권이
있는지라. (…중략…) [여성의] 학문과 지식이 사나이와 못지 아
니한 고로 권리도 일반이니 어찌 아름답지 아니하리오"(『황성신
문』, 1898.9.8). 이처럼 문명한 나라의 풍속인 남녀동등은 "아름다
운" 것으로 비춰지고 있었다. 그 '아름다움'은 야만적이고 미개
한 조선의 남존여비적 일상과 선명한 대비를 이루었다. 이 시기
'남녀동등'은 한 국가의 계몽의 정도를 가늠할 수 있는 지표로
제시된다.

근대계몽기에 이르러 이목구비와 오장육부가 같은 남녀를 차
등하는 풍속은 "이상한 풍속"으로 인식된다(『독립신문』, 1899.4.26).
내외법으로 여성은 "어려서부터 백발노인이 되어 죽기까지 규중
에 갇히어 밖에 있는 강산풍물을 임의로 구경도 못하"(『독립신문』,
1899.9.21)게 출입이 엄금되었을 뿐만 아니라, "남의 집 하인 외에
는 얼굴을 들고 일월을 보지 못하게 하고 비록 집안의 일가친척
이라도 오륙 촌만 되면 서로 얼굴을 상대치 못하는" 상황에 처
해 있었던 여성의 일상은 '문명'을 지향하는 조선에서 설 곳을

잃게 된다. 여자가 학문을 알면 방탕하여 못쓴다 하여 간신히 국문자나 가르치고, 혹 어떤 이가 여자의 교육이나 "얼굴을 들어 내놓고 출입한다는 일"을 말하면 그것을 커다란 변괴로 여기면서 그렇게 말하는 자를 오랑캐로 지목하는 것(『제국신문』, 1907.5.29)이 당시의 흔한 일상이었지만, 이것 역시 계도(啓導)의 '대상'으로 전환된다.

> 심하다, 대한 사람의 여인을 학대하는 악습이여. 죄인을 옥 안에 가둔 것 같이 부녀를 제 집안에 가두어 두고 대문 밖에를 못 나가게 할 뿐 아니라, 말소리도 크게 못하게 하며 그 아내가 집안일이라도 조금 간섭을 한다든지 그 남편의 행사가 불미한 것을 만약 바른 말로 일깨우면, 그 남편이 제 잡담하고 대책하는 말이 암탉이 새벽에 울면 나라가 불편한 법이요 여인의 소리가 대문밖에 나가면 집안이 망하는 법이라 하여 입이 있어도 능히 마음대로 말하지 못하게 하고 발이 있어도 능히 마음대로 다니지 못하게 하고 눈이 있어도 능히 마음대로 보지도 못하게 하니……
> ─〈세 가지 우매한 일〉, 『독립신문』, 1899.5.31

남존여비적 관습에 매인 여성의 삶은 조선 제일의 악습이었다. 계몽지식인들은 여성에 대한 압제로 말미암아 여성은 말도 크게 못하게 되고, 걸음도 급히 가지 못하게 되어 "성한 사람을 아주 병신"으로 만든다고 개탄하였다(『매일신문』, 1898.8.13). 여자를 "지푸라기"와 같은 천한 물건에 비유하면서 귀히 보지 않는 것, 여성을 "밥이나 짓고 빨래나 하고 심부름이나 하는 노예로 대접"(『독립신문』, 1898.9.13)하는 일상은 이들의 비난을 사기에 모자람이 없었다.

이처럼 남녀가 동등한 사회를 구현하고자 하는 계몽주체들의

요구는 남존여비적 일상에 대한 격렬한 비난에서부터 출발하였
다. 그들은 "심수한 규방 내에 수천 년 쇄하여 남자와 동등 되
는 자격을 상실하고 가족 중 열등"(『황성신문』, 1909.8.6)한 존재로
규정되었던 여성에게 "부인계(婦人界)의 신사조(新思潮)"를 역설
하였다. 문명한 시대로 접어든 조선에 더 이상 남존여비적 일상
은 허용될 수 없다는 것이다. 규중에 "칩복(蟄伏)"해 있던 여성에
게 남자와 같은 "동등권"을 부여하자는 주장은 남성과 여성의
"동등학문과 동등지식과 동등기예와 동등사업의 희망"을 꿈꿀
수 있는 바탕이 되었다(『대한매일신보』, 1908.8.1). 남녀동등을 실현
하기 위해 가장 먼저 타파해야 할 대상이 바로 '내외법'이었다.
내외법은 여성의 삶을 감옥살이로 만든 악습의 원천이었다.

오백년래 익은풍속 골수중에 깊이젖어
만사개혁 이시대에 어리석은 저인물은
모두 구습뿐이로다
(…중략…)
부녀모양 볼작시면 능라주의(綾羅紬衣) 치레하고
삼복중에 출입해도 장옷소매 팔랑팔랑
눈내놓고 얼굴가려 내외지별 분명하니
저구습이 그저 있다
　　　　　　　　　—〈시사평론〉, 『대한매일신보』, 1908.7.7

이 글에 따르면 조선 오백 년 역사가 만들어 낸 구습 중 가장
대표적인 것이 내외법이다. 삼복더위에도 장옷으로 얼굴을 가리
도록 종용하는 내외지별(內外之別)은 개혁해야 할 것이었다. 남
녀는 모두 균등한 "상제의 자녀"이기에 차별이 없어야 했으며,

그 직분상에도 우열이 있을 수 없었다(「황성신문」, 1908.5.9). 한 국가 혹은 한 사회에 있어서 "문명교화(文明敎化)니 교화국(敎化國)이니 반개국(半開國)이니 야만이니 하는 것은 그 곳에서 살고 있는 여성을 얼마나 동등대우(同等待遇)하는지 아니면 노예대우하는지" 여부에 달려 있다(『명월정』, 『한국신소설전집』 6권 : 177). 요컨대 여성에 대한 동등권의 부여 정도는 문명과 야만을 가르는 척도였다. 그런데 계몽주체들이 그토록 강조하였던 남녀동등의 궁극적 목적은 무엇이었을까?

3. 무엇을 위한 남녀동등인가

1) 남녀동등론과 국민생산 프로젝트

이 시기 계몽담론의 지향점은 오직 '문명한 국가의 건설'에 있었다. '국가'는 계몽 담당자들이 자신의 주장을 펼치는 준거였다. 남존여비적 일상을 타파해야 한다는 주장도 국가 만들기의 일환으로 등장한 것이었다.

남녀동등은 국가의 경쟁력 강화라는 목적을 달성하기 위한 하나의 수단으로 간주되었다. 즉 조선의 문명개화와 부국강병을 통해 당대 조선이 처한 위기적 상황을 모면할 수 있다고 인식했던 계몽주체들은 '남녀동등' 역시 이러한 목적을 수행하는 데 매우 유용할 것이라고 생각했던 것이다. 이를 좀 더 면밀히 이해하기 위해서는 먼저 이들의 시대인식을 살펴볼 필요가 있다.

> 돌아왔네 돌아왔네 활동시대가 돌아왔네
> 섯가라쉬 쿵처놓고
> 한숨눈물 두루치고 사방을 돌아보니
> 수운은 참담하고 살기는 등등일세
> 시랑같은 무리들이 잡아먹기 내기하네
> 강한자는 입을벌려 약한자를 잡아먹고
> 깨인자는 이를갈며 자는자를 잡아먹네
> 애고머니 이것보게
> 형님형님 일어나소 큰일나고 큰일났소
> 우리들은 잠을들어 세상소식 몰랐더니
> 우리집에 누가와서 횡행장난 하는구나
> 인명도 살해하며 재물도 탈취하네
> 거조가 해망하고 수모가 막심일세
> 이것보게 기막힌다
> ―〈활동가 우동(牛童)의 동요〉, 『대한매일신보』, 1907.8.22

이 계몽시가는 열강의 틈바구니에 끼인 조선의 상황을 생생하게 묘사하고 있다. 열강의 침탈은 마치 시랑(豺狼)같은 무리들의 "조선 잡아먹기 내기"라고 불러도 좋을 만큼 살기등등했다. 강한 자는 약한 자를 잡아먹고, 깨어 있는 자는 자고 있는 자를 잡아먹는 것이 당시 조선이 처한 상황이었다. 강한 자의 "인명 살해"와 "재물 탈취"를 막기 위해서 조선은 촌각을 다투어 잠에서 깨어나 '힘' 있는 강한 자가 되어야 했다. 힘만이 경쟁에서 생존할 수 있는 유일한 길이라고 여겼기에 그 힘을 위해 조선의 모든 것은 다시 재정비되어야 했다. 이러한 재정비는 "전일구습 다 버리고 신 공기를 마"시는 것으로 요약되는데, 이것은 곧 서 구적인 것의 실천을 의미한다.

물론 이와 같은 실천의 당위성은 '애국'에 있다(『대한매일신보』, 1908.2.11). 계몽지식인들은 조선의 모든 사람들을 애국적 '국민' 으로 명명하면서 국민의식의 앙양을 촉구했다. 당대 조선의 당 면과제였던 자주독립은 문명개화와 부국강병을 통해 달성될 수 있으며, 그것은 다시 일국(一國)의 국민에 의해 좌우된다고 생각 했기 때문이다.

이처럼 근대계몽기에 국가는 그 무엇과도 견줄 수 없는 절대 적인 존재였다. 문명부강한 국가를 향한 열망은 당시 수많은 역 사·전기물을 낳았는데, 특히 프랑스 혁명의 어머니라고 불리는 롤랑부인의 전기를 엮은 『라란부인전』 발문에는 계몽주의자들 이 '여성'을 호명하는 이유가 분명하게 드러나 있다. 이 글에서 번역자는 "나라마다의 스승이자 사람마다의 어미가 되는 라란 부인의 전기를 출간하는 이유"를 다음과 같이 적고 있다.

> 그러니 우리 대한 동포도 진실로 능히 그 일동일정(一動一靜)과 일언일 사(一言一事)를 다 본받아 그 지개(志槪)를 품고 그 사업을 행치 못하면 어찌 가히 애국하는 지사라 하며 어찌 가히 국민의 의무라 하리오? 사람이 세상에 처하여 진실로 능히 그 의무를 다한 연후에야 바야흐로 가히 사람 이라 이를지니, 저 금수와 벌레를 볼지라도 각기 그 성품대로 의무를 행하 거든 하물며 사람이 되고서야 금수와 벌레만도 못하리오? 그런즉 사람의 마땅히 행할 의무라 하는 것은 무엇인고? 가로되 제 나라를 사랑함이라.
> ―『라란부인전』〈발문〉, 민족문학사연구소 편역, 2000 : 90

‘애국’은 국민의 의무였고, 이 의무 수행은 곧 사람을 "사람답게" 만드는 행위였다. 즉 나라 사랑은 사람이 마땅히 행할 의무였다. 이처럼 계몽지식인들은 국가적 힘의 원천을 국민 즉 인민의 계도를 통해 달성하고자 했던 것이다.

> 이나라의 인민되어 애국하는 일편정신
> 머리속에 넣어두고 주야간에 잊지말고
> 그때에 죽는것이 옳은줄로 생각나면
> 나혼자만 죽지말고 고기값을 하고죽세
> 직업을 할때라도 활동하여 힘써하세
> 이지경에 이른놈이 무엇을 헤일손가
> 부질없이는 활동들마소
> ―〈활동가 우동(牛童)의 동요〉, 『대한매일신보』, 1907.8.23

조선 인민은 애국 정신으로 무장할 때에야 비로소 ‘국민’이 될 수 있었다. 죽음이라는 개인적 사건 역시 국가와 연계된 것이었을 때만 의미 있는 것이었기 때문에 인간으로서의 "고기값"은 애국적 활동을 통해 이루어져야 했다. 이러한 상황에서 여성 역시 예외가 될 수 없었다.

> 늙은부인 젊은처자 장옷벗고 활동하여
> 예배당에 간다든지 학교에 간다든지
> 시세알고 학문배워 나먹을일 내가하소
> 남편의덕 믿지말고 공것먹을 생각마소
> ―〈활동가 우동(牛童)의 동요〉, 『대한매일신보』, 1907.8.22

이와 같이 국민이라는 그물망 안으로 여성이 포획되는 가운데 국민으로서의 자격이 여성에게 요구되었고, 그것은 새로운 역할 부여로 구체화된다. '여인'을 화두로 삼고 있는 다음 계몽 시가에서 이를 확인할 수 있다.

<blockquote>

양잠학교 성립하니 여자사무 발달이라
물리학을 공부하고 경제지술 강구할제
외국제도 모방하여 신세계가 되었으니
이시대가 어느때뇨

여자교육 실시하니 지지역사 능통이라
몇백년을 갇혔다가 활발정신 얻었은즉
침선방적 뿐아니라 무슨학문 없을손가
이시대가 어느때뇨

안방속에 들어앉아 의식에만 종사타가
자유권을 얻었으니 대장부와 동등이라
신학문만 성취하면 무슨사업 못할손가
이시대가 어느때뇨

우리낭군 졸업하니 모학교에 우등이라
신공기를 마실려고 구미열국 유람하니
좋은비단 한필짜서 새옷지어 보내겠네
이시대가 어느때뇨

산골처녀 가련하다 문밖일도 모르면서
정구지역(井臼之役) 골몰하야 수족까지 다터지니
국축(跼縮)하게 일평생을 토실속에 늙는구나
이시대가 어느때뇨

</blockquote>

주사청루 주렴속에 오는손을 접대하며
희롱하고 단장키로 무정세월 허송하니
무슨사상 있을소냐 이팔청춘 잠깐이라
이시대가 어느때뇨

깊고깊은 궁궐안에 늙어가는 저궁녀는
실가지락(室家之樂) 전혀없이 한평생을 갇혀앉아
수심으로 지냈으니 무슨사업 하였을까
이시대가 어느때뇨

부귀가의 여인들은 금의옥식 싸여앉아
십지부동 편하기로 인간고초 다모르고
제팔자만 자랑하나 창씨고씨 행락할까
이시대가 어느때뇨

간교하다 저무당은 우부우맹 유인할제
화와복을 안다하며 여간전재 탈취하니
이런일을 생각하면 꿈깰날이 묘연하다
이시대가 어느때뇨

—〈시사평론〉, 『대한매일신보』, 1908.7.1

이 시가는 이전과는 다른 방식으로 '여성'이 조망되고 있음을
잘 드러내고 있을 뿐 아니라, 이러한 여성상을 만드는 근간이
바로 '국가'라는 것을 말해주고 있다. 각 연마다 후렴구로 덧붙
이고 있는 "이 시대가 어느 때뇨"라는 말은 바로 앞에서 말한
일련의 주장에 당위성을 부여하는 논리적 바탕이다. 여기에서
말하는 "이 시대"란 우승열패, 약육강식의 원리로 움직이는 제
국의 시대임을 의미하며, "어느 때뇨"라는 말은 작금의 조선은

바람 앞의 촛불처럼 위태로운 상황에 처해 있기에 조선의 모든 것은 '국가'에 열중해야 한다는 의미이다. 이러한 상황에서 여성은 전과 다른 모습, 다시 말해 늘 국가를 생각하는 국민으로 거듭나야 한다. 이를 위하여 각양(各樣)의 여성, 즉 "안방" 속에 들어앉아 있는 부인, "낭군"이 있는 아내, 산골의 "처녀", "기생", "궁녀", 부귀가(富貴家)의 "여인", "무당" 등에게 문명인의 삶을 제시한다. 이제 여성은 음식지절과 침선방적의 여자유행(女子有行)에만 종사하는 것에서 벗어나 대장부와 동등한 자유권을 부여받아 학과를 다니면서 물리학을 공부해야 했다. '신학문'을 성취한 여성은 '국민'으로 살아가야 했다. 따라서 신 공기를 마시려고 구미열강을 유람하는 남편을 위해 비단 옷을 지어 보내는 부인은 바람직한 여성의 전형이 된 반면, 규문 안에서 문밖을 모른 채, 수족(手足)이 다 터질 정도로 전통적인 여공(女工)에 전념하는 산골처녀는 토실 속에서 늙어 가는 "가련"한 인생으로 전락한다. 몸단장에 세월을 허송하는 기생은 한심한 인생이었고, 평생 독신으로 살아가야 하는 궁녀는 비참한 인생이었다. 자신의 편한 팔자만을 자랑하는 부귀가의 여인들과 우부우맹(愚婦愚氓)을 현혹시키는 무당은 조선의 발전을 위해서 척결해야 할 대상이었다. 이와 같이 여성의 동등권 즉 여성의 자유는 국가의 부강을 위한 수단이었다.

국가가 생기면 인민이 생기고 인민이 생기면 자유가 있나니 (…중략…) 이천만 동포 중에 여자도 반분자이온데 반분자가 자유를 잃고 인격을 잃고 자의 자식을 모르고 자유로 출입도 못하고 제발 제손도 자유로 쓰지 못하였으니 어찌 나라이 부국이 되리오 슬프다 우리 여자 동포는 오늘부터 번연이 깨우

쳐 제 자유를 잃지 말고 남자와 같이 활동하여 국가 분자된 자격을 잃지
말고 자의 자식할 능력을 얻어서……
―〈여자의 자유〉, 『녀자지남』 1권 1호, 1908.4.

이처럼 남녀동등론이 부여한 여성의 자유는 "국가 분자된 자격"을 위한 활동 안에서만 그 의미를 획득할 수 있었다. 문명개화와 부국강병을 목표로 하고 있었던 계몽담론은 여성을 포함하여 조선인 모두를 '국민'으로 포섭하고자 했던 것이다.

당시 여성들은 남성들 못지 않게 국민의 역할을 다하고자 하는 뜨거운 열망을 지니고 있었다. 예컨대 1907년 국채보상운동에서 여성이 보여준 활약상은 '국민'이 되고자 하는 여성의 열망이 얼마나 뜨거웠는가를 유감 없이 보여준다. 계몽지식인들은 "조선 부인들아 이때를 당하여 국민 된 의무를 행하여 봅시다"(『제국신문』, 1907.4.1)라고 외치면서 여성의 동참을 호소하였다. 그들은 이처럼 위급한 시대에 여성은 부인이라는 것을 핑계로 삼아 "안연부동(晏然不動)"하는 것은 진정 부끄러운 일일 뿐만 아니라 "천지신명을 두려워 할 일"이라고 말한다(『제국신문』, 1997. 3.25). 이제 국민된 분자로서의 역할에 충실하지 않는 것은 일종의 '죄악'으로 규정된다. 『제국신문』의 필자는 여자가 의식지공(衣食之功)만 알고 넓고 큰 임금의 은혜를 조금도 알지 못하면 "어찌 이천만 동포에 의무가 된다 하오리까"(『제국신문』, 1907.4.5)라고 반문하면서, 패물의 폐지를 통해 이천만 동포의 의무를 다해야 한다고 역설한다. 쌀을 씻기 전에 앞서 그 쌀 한 숟가락씩을 모으고, 장롱 깊숙이 간직했던 패물을 폐지하고, 혹은 손가

락에 긴 반지를 빼어 내는 등 국채를 갚기 위한 여성의 행동은 새롭게 부여된 '국민'으로서의 막연한 상(像)을 구체화한 것이었다. "이렇듯이 국채를 갚고 보면 국권만 회복할 뿐 아니라 우리 여자의 힘을 세상에 전파하여 남녀동등권을 찾을 것"(『대한매일신보』, 1907.4.23)이라는 주장에서 알 수 있듯이, 국채보상운동에 참여하는 것은 여성의 힘을 보여주는 것이었으며, 동시에 남녀동등권을 찾을 수 있는 길이었다.

한편, 계몽지식인들은 '남녀동등권'을 부여할 수 없는 여성을 함께 거론한다. 이들은 국가적 이익에 방해가 된다고 여겨지는 여성이었다. 이들 여성은 '국민'의 자격에 미달되는 여성으로 척결대상이었다. '기생'을 비롯한 매음녀에 대한 비난에서 이를 확인할 수 있다.

어떤옥문 열고보니 간음하던 부녀들을
의복벗겨 세워놓고 목수들의 나무켜듯
무수귀졸 마주서서 큰톱으로 쪼개는데
피가흘러 낭자하니 한국안의 모모음녀
죽은후에 여기왔고

—〈시사평론〉,『대한매일신보』, 1908.12.20

염라국의 지옥을 묘사하고 있는 이 글을 통하여 당대 '음녀'들에 대한 지식인들의 질타가 얼마나 강렬한 것이었는지를 짐작할 수 있다. 그러나 계몽주체들은 기생, 매음녀, 음녀 등의 여성은 '여성계'에 발도 디딜 수 없는 존재로 규정하면서도, 다른 한편에서는 "천하디 천한" 이들까지도 국민의 일원으로 포획하려 했다. 예컨대 『대한매일신보』의 한 필자는 연희장의 "기생"에게 "저도 국민 일분자라 애국심은 일반"이라고 하면서 논개, 춘향, 월향, 황진이의 절개와 충렬을 본받으라고 재촉한다. 즉 이들 모두는 "충렬사조 특이함이 창기 중에 제일이라 너희들도 방탕구습 어서 바삐 다 바리고 저런 행적 본을 받어 나라 일에 성공하고 동포에게 생색하면 상등여자"(『대한매일신보』, 1909.8.2)가 될 수 있다고 말한다. 기생까지도 "충렬(忠烈)"을 통해 "상등여자"가 될 수 있다는 주장인 셈인데, 이는 궁극적으로 기생을 포함한 조선의 모든 여성이 애국을 통해 상등여자=국민이 되어야 한다는 것을 표명한 것이었다. 그리고 이것이 당대의 이상적인 여성의 모습이었다.

계몽담론은 여성이 국민의 한 분자임을 끊임없이 강조하는 가운데, 조선 이천만 국민 가운데 그 반수에 해당하는 일천만 여성의 힘을 요구하고 있었다. 조선의 여성이 "이천만 국민 가운테 그 반에 해당하는 일천만"이라는 표현은 근대계몽기 담론장에서 어렵지 않게 찾아볼 수 있는 표현이다. 그리고 『자유종』의 설헌이 말하고 있듯이, 남자에게만 의뢰하는 일천만 여성의 습성이 작금의 빈약한 국세를 초래한 배경이었다. 백짓장도 맞들면 가벼운 것처럼 일천만 여성이 남자의 사업을 도울 때 나라의 독립과 인민의 자유가 보장된다는 주장(『자유종』, 『한국신소설전집』 2권 : 146)에서 여성에 대한 계몽지식인들의 기본 시각을 이해할 수 있다.

2) 여성의 교육=국가 건설의 기초

"여자들을 교육하여 남녀동등"한 사회를 건설해야 하며 이것이 바로 "부강방책"의 일환이 된다(『대한매일신보』, 1907.7.14)는 것이 '국가'를 지향하는 구도 아래 전개된 여성교육과 남녀동등의 배치였다. 남성과 동등하게 여성에게 주어야 할 가장 대표적인 '권리'는 교육이었다. 교육은 지식인들의 뜨거운 관심사였다. 남녀동등은 여성교육의 당위성을 설명하는 중요한 잣대였다. 이를 살펴보기 전에 먼저 열풍과 같았던 신교육론의 전개 양상을 짚어보기로 하자.

국민을 통해 국가를 건설하는 것으로 조선의 위기를 타파하고자 했던 계몽지식인들에게 교육은 구국의 열쇠였다. 다음의 계몽시가는 교육에 대한 이들의 열망과 집착이 어느 정도였는지를 웅변하고 있는 예이다.

> 얼시고도 절시고 조리조리 좋시고
> 동포형제야 걱정마소 살구멍이 생겼네
> 이구멍을 모르면 야만멸망을 당하네
> 충군하라도 이리오고 애국하라도 이리와
> 부국이 되라도 이리오고 부자가 되라도 이리와
> 공명을 하라도 이리오고 영웅이 되라도 이리와
> 단체가 되라도 이리오고 강병이 되라도 이리와
> 삼강오륜도 여기있고 명예권리도 여기있소
> 남녀동등도 여기있고 만국동등도 여기있소
> 세계평화도 여기있고 배외능력도 여기있소
> 교제를 하라도 이리오고 유람을 하라도 이리와

심심하여도 이리오고 재미보라도 이리와
보은하라도 이리오고 원수갚자도 이리와
안락하라도 이리오고 화목하라도 이리와
설치하라도 이리오고 압제하라도 이리와
자녀 있거든 이리보내 살구멍이 여기로세
그구멍을 모르진대 글자 써놓고 세여보소
배울 학자가 십삼혈 학교교자 열세구멍
살구멍이 이것이니 이구멍으로 들어오소
나라위하여 죽으려면 교육에 힘쓰다 죽을지오
돈모와 자손주지 말고 학교 세워서 사업하소
의병형제 총부리 돌려 교육않는자 쏘와 주소
누가 교육에 방해커든 그때 일심코 일내세

—〈학교가 씨쓰동(童)의 동요〉, 『대한매일신보』, 1907.9.7

이 글은 충군, 애국, 부국, 부자, 공명, 영웅, 단체(협동), 강병, 삼강오륜, 명예권리, 남녀동등, 만국동등, 세계평화, 배외(拜外)능력, 교제, 유람 등의 모든 것이 교육을 통하여 성취될 수 있을 터이기에 심심해도, 재미를 위해서도, 보은과 안락과 화목을 위해서도 학교에 와야 한다고 말한다. 학교 교육은 당시의 모든 문제를 해결할 수 있는 유일한 열쇠가 되어 조선의 "살 구멍"이 되었다. 그리고 교육을 향한 열정은 여성이라고 예외가 될 수는 없었다.

계몽지식인 유길준은 『서유견문』의 〈여자 대우하는 예모(禮貌)〉에서 "여성을 가르치지 않는 국가는 국력의 반을 소모하는 결과를 초래한다"고 하여 국력을 증진시키는 한 방법으로 여성교육을 거론한 바 있다. 나라의 문명을 세우는 기초 작업으로 강조된 여성교육은 '인종'이 경쟁하는 시대인 작금에 조선인종의 "생존기관"이었다(『황성신문』, 1908.5.9). 조선이 가장 필요로 했던 것이 '국력의 향상'이었다는 것을 고려하면 이러한 논리는 지극히 당연한 것이라 할 수 있다. 여자를 가르치지 않고 내외법으로 규중에만 살도록 한 채 남자만 교육시킨다면 전국 인구 이천만 가운데 단지 일천만 남자만이 "활동할 자"이니, 이는 국가의 경쟁력을 떨어뜨려 남에게 질 수밖에 없다는 것이다(『제국신문』 1907.10.11). 여성 교육의 부재로 "한 눈과 한 손과 한 발로 사는 모양"인(『제국신문』, 1905.4.11) 조선의 형국이 바뀌어 여자가 교육을 받는다면 "한 사람의 할 일을 두 사람이 할" 수 있을 터이기에(『독립신문』, 1897.5.18) 조선이 당면한 "자주독립"과 "부국강병"의 과제가 손쉽게 달성될 수 있다는 것이 계몽담론의 핵심적인 논지였다.

이와 같이 근대계몽기 여성교육은 남녀동등론과 밀접하게 관련되어 있었고, 그 안에서 여성교육의 필요성이 언급되었다. 계몽의 담당자들은 남녀동등과 여성교육을 불가분의 관계에 있는 것으로 여기고 있었던 것이다.

> 여자계로 말할진대 개혁하는 이시대에
> 아무쪼록 공부하야 동등권을 회복하고
> 남자들과 병력하야 문명진보 못하고서
> 유두분면(油頭粉面) 능라주의(綾羅紬衣) 요리조리 모양내고
> 여간패물 잡혀다가 연회장에 판이나고
> —〈시사평론〉, 『대한매일신보』, 1909.5.8

계몽기에 이르러 학교 공부는 여성의 영역에 편입된다. 공부

는 여성이 "동등권"을 회복하기 위한 하나의 수단이자, 동등권을 가지고 있음을 반증하는 것이었다. 여성이면서 남자들과 병력(並力)하여 조선의 '문명진보'를 성취할 수 있음을 보여주는 길이었다. 이처럼 국가를 구성하는 하위체계 즉 '여자계'로 분류된 여성에게는 국가를 위한 역할로서 공부가 부여되었고 이때 교육과 공부는 애국의 동의어였다. 다시 말해 '공부'는 곧 애국과 등가인 하나의 '활동'이 된다(『대한매일신보』, 1909.3.20). 여성교육은 한국 사람이라면 마땅히 지켜야 할 '국가주의'(『대한매일신보』, 1909.6.18)를 건설할 유용한 수단이었다. 지식인들은 "남녀가 다 같은 인품이라 어찌 사나이만 사람의 권을 가지고 여편네는 사람의 권을 가지지 못"한 존재일 수 있느냐고 반문하면서 '교육'을 사람의 권리로 규정한다(『독립신문』, 1898.1.4). 그러나 근대계몽기 교육은 사람의 권리라기보다는 '국민'의 의무로 간주되었다는 점에 주의를 기울일 필요가 있다. 그리고 "세상 물정과 학문을 막연히 몰랐은즉 어찌 남녀가 동등이 되었으리요"(『독립신문』, 1899.4.26)라는 주장에서도 추측할 수 있듯이, 남녀동등은 교육을 통해서만이 실현할 수 있는 것이었다.

3. 국민을 기르는 '어머니'

그렇다면 남성과 동등하게 학교교육을 받은 여성의 구체적 행로는 무엇인가? 남녀동등론을 비롯한 계몽담론에서 말하는 바람직한 여성은 어떤 모습이었을까? 이제 이 물음에 답하면서 여성의 역할과 여성의 정체성의 핵심을 살펴보기로 한다.

근대계몽기에 자녀의 학교교육은 곧 부모의 의무처럼 규정되었기 때문에 "아들 딸 낳거든 학교 보내 신학문 공부를 시켜보세 / 우리는 농부가 되었으나 아들은 상등인 되어보세 / 부모의 직분은 이뿐이지(『대한매일신보』, 1907.8.20)"라는 '계몽의 노래'를 어렵지 않게 찾아볼 수 있다. 물론 여기에서 말하는 교육은 학교라는 제도를 통한 신교육을 의미한다. 그런데 이와 같은 학교교육의 전 단계로서 '가정교육' 또한 강조되고 있었다. 가정교육의 중요성에 주목해야 하는 이유는 가정교육이 온전히 '어머니'의 소임으로 규정되고 있기 때문이다.

> 어찌 홀로 사나이만 학문을 배우며, [그] 권으로 말할지라도 남녀가 다 같은 인품이라, 어찌 사나이만 사람의 권을 가지고 여편네는 사람의 권을 가지지 못하리요. (…중략…) 여편네의 직무는 세상에 나서 사나이를 가르치라는 것이라. 여편네가 학문이 있게 되면 자식을 처음에 뱃속에 포태하였을 때부터 아홉 달을 잘 보호하여 해산한 후로 차차 기르면서 덥고 춥고 주리고 배부르고 가렵고 아픈 것을 때때로 잘 살피어 묘리 있게 길러 내여 밤낮없이 인도하는 말이, 남과 싸우지 말라, 학교에 가서 공부를 독실히 하라, 효제충신으로 행세를 잘하여 세계에 명예를 크게 낳아내라 하며, 남의 고모나 누이가 그 조카와 그 아우를 대하여 가르치며 애호하는 범절은 너나없이 다 아는 바이요
>
> —『독립신문』, 1898.1.4

위의 인용문은 여성의 직무를 '사나이' 즉 '아들'을 가르치는 것으로 규정하고 있다. 여성에게 교육이 필요한 것은 학문이 있는 어머니가 아들을 잘 양육할 수 있기 때문이다. 사실 여성교

육의 필요성은 '여성=어머니'라는 여성의 정체성에 있었다. 따라서 여성교육은 "장차의 어머니 교육"을 의미했다.

계몽지식인들에 따르면, 여성을 잘 교육시키는 것이 대한의 후성들에게 제일 근본 되는 일이다. 이는 "사람의 첫 어사(御使)"가 여성이기 때문이다. 잘못된 가정교육을 학교교육을 통해 바로잡고자 하는 것은 "애송 버들가지 꾸부러진 것을 불에 쪼여 곧게 펴는 것"과 같다. 사람이 태어나서 처음 받게 되는 가정교육은 이후 제대로 된 학교교육을 위한 전제였다. 이처럼 중요한 직책을 맡은 어머니의 책임은 더욱 무거워졌으며, 훌륭한 어머니를 양성하는 여성교육은 훌륭한 국민을 양성하기 위한 중차대한 '사업'이었다(『독립신문』, 1899.4.28).

이러한 어머니 역할의 중요성 역시 '국가'와 연계되어 있었다. 가정 안에서 어머니가 수행하는 자녀교육은 국가의 '개명'을 좌우할 정도로 매우 중요한 일이며, 그것은 '영웅'의 행적에 버금가는 일로 간주되었던 것이다.

> 가정교육 하는걸로 국가정치 개명된다
> 전일습관 다버리고 자녀일반 배양하면
> 개개영웅 이아닌가
> 어화한국 부녀들아
> 만만세나 누려보게
>
> —〈시사평론〉, 『대한매일신보』, 1908.8.27

여성은 "남의 모친 된 의무"를 분명하게 알아야 했다. 여자가 되어 자녀교육을 모르는 것은 곧 가도(家道)를 쇠퇴시키는 일이었으며, 국가의 존망에도 영향을 미칠 수 있는 일이었다. 가정교육을 잘 하면 "충신의사(忠臣義士)"가 많이 나오고 가정교육을 잘 못하면 "역적소인(逆賊小人)"이 양산될 것이기 때문에 "대한 여자사회"는 "자녀교육"에 분투해야 했다(『대한매일신보』, 1908.12.3).

> 일가의 가족으로 말하면 남자의 책임이 특중한 듯하나 실상을 보면 여자의 책임이 특중하고, 일국을 총거하야 공론할지라도 남자의 책임보다 여자의 책임이 특중할지니, 어찌하여 여자의 책임이 특중하는고, 항상 남자 책임 말할 것을 여자가 당할 수 없으나 여자는 특별이 하늘로서 주신 책임은 아이 낳는 책임이라. 여자의 책임 중으로서 성현군자 영웅호걸 국무대신 일반국민이 다 나오니, 이 책임으로 말하면 남자가 어찌 여자를 향하여 천대하며 세상 책임에 귀치 않다 하리오
> —〈학설〉, 『녀자지남』 1권 1호, 1908.4

영웅을 낳는 아니 영웅을 만드는 어머니의 손길은 거룩하기 이를 데 없다. 그것은 하늘이 부여한 책임이기에 여성에 대한 천대를 당연시하는 남존여비 풍조는 사라져야 마땅하다. 이처럼 어머니로서의 여성의 역할에 대한 강조는 계몽의 담론 안에서 끊임없이 재생되고 있었다.

> 규중부녀 들어보소. 남의 가모된 직책이 가장 중대하건마는 치산범절 범연하고 자질교육 모르다가 가도 점점 쇠패하니 제가 제 뺨 치는 게오
> —〈시사평론〉, 『대한매일신보』, 1908.8.23

이어서 계몽지식인들은 어머니 역할을 구체적으로 설명한다. "무의무탁한 부인이 어린 아이 품에 안고 슬픈 눈물 흘리다가 애자(愛子)하는 마음으로 노래 한 번 불러 보니 노래 뜻이 적절

하여 듣는 사람 칭찬한다"고 하면서 제시되는 어머니의 역할에
귀기울여보자.

—〈시사평론〉, 『대한매일신보』, 1908.9.26

바람직한 어머니의 역할을 함축하고 있는 이 시가는 "남의
부모가 되었으면 부모 직책을 잃지 말고, 귀한 자식을 사랑하거
든 이 부인을 본받아라"고 말하면서 끝을 맺는다. 이처럼 당대

어머니 역할의 핵심은 자식을 나라의 일꾼 즉 영웅으로 길러내
는 데 있었다.

4. 남녀동등론의 문제점과 한계

근대계몽기의 주요한 특징 중의 하나는 새로운 윤리적 상황
이 전개되고 있다는 점이다. 당대 이질적인 서구문물의 유입은
조선사회에서 기능하고 있던 기존의 윤리적 잣대의 수정을 불
가피하게 했을 뿐 아니라 새로운 윤리의 '생성'을 촉구하고 있
었다. 일반적으로 윤리는 ① 인간의 사회성 속에서 연원한 것으
로 사회성에 바탕을 두고 있으며, ② 사회와 함께 필연적으로
생긴 규범이며, ③ 원만한 사회생활을 위해서 인간 스스로가 창
조해 낸 당위의 규범이라는 특성을 가지고 있다(임덕수, 1993 : 17).
그러므로 인간에게 적절한 행위의 처방을 제시하고 있는 윤리
는 인간이 지켜야 할 행위의 규범을 만들어내는 역사적 산물이
라 할 수 있다.

새롭게 재편성되는 여성의 윤리의식이 '삶의 지혜'로 기능하
기 위해서는 여성과 여성의 일상에 대한 이해가 전제되어야 한
다. 여성이 마땅히 지켜야 할 행위규범으로서의 여성윤리가 자
리잡기 위해서는 이 규범 안에 자신의 경험에서 도출된 여성의
목소리가 수용되어야 한다. 이것은 여성의 규범이 여성의 일상

과 곁돌지 않기 위해 필요한 최소한의 장치라 할 수 있다.

그렇다면 근대계몽기에 이르러 새롭게 제시되기 시작한 남녀 동권 주장에 내재된 윤리의식은 여성의 삶의 지혜가 될 수 있었을까? 남녀동등론은 내외법, 과부개가금지, 축첩제 등을 비판하면서 여성에게 규방 밖의 세계를 열어주었다. 또한 남녀동등론은 가정과 사회에서 여성의 역할의 중요성을 설명하는 등 비천한 여성 지위의 개선에 지속적인 노력을 기울였다. 그러나 이 모든 여성의 권리는 '국가'라는 층위에서 논의되었다. 남녀동등론은 '서구'와 '전통'의 혼재로 말미암아 오히려 여성을 전과 다른 새로운 윤리적 공간 안에 머물도록 강제 하면서, 기존의 윤리적 덕목과 함께 서구의 새로운 규율을 여성의 '덕목'이란 이름으로 강요하고 있었다. 남녀동등론은 진정으로 여성의 권익을 개선하기 위해 제기된 것이 아니었으며, 따라서 여기서 도출되는 여성윤리는 삶의 지혜가 아니라 여성의 또 다른 굴레의 기원이 되었다는 점에 주목할 필요가 있다.

1) 여성에 대한 또 다른 규율로서의 남녀동등론

근대계몽기에는 서구문물의 수용으로 인하여 기존의 전통적 요소와 새로운 서구적 요소가 같은 시공간에서 공존하고 있었다. 서양의 낯선 풍속이 조선의 일상에 자리잡게 되면서 조선의 풍속과 공존하게 된 것이다. 전통과 서구의 혼거는 계몽지식인들에 의해 자주 풍자의 대상이 되었다. 서양인은 부모 거상(居喪)

때 그 복색을 검게 하나 동양인은 희게 입고, 서양인은 두 발로
춤을 추나 동양인은 손춤을 추고, 서양인은 글씨 쓸 때 좌로부
터 우로 오지만, 동양인은 위에서 아래로 내려쓰고 있다는 진술
에서(『대한매일신보』, 1909.5.22) 서구인과 서양문물에 대해 당시 조
선인이 느꼈던 '낯설음'을 읽을 수 있다. 그러나 "동서각국 교
통"하는 상황에서 특히 약소국인 조선의 입장에서 볼 때 서구문
물의 수용은 급박한 것이었고, "동과 서의 판이"한 풍속이 "섞
여"가는 것을 막을 재량은 없었을 것이다. 이러한 당시의 실상
은 "개화풍이 한번 불어 동반도를 움직이니 오백여년 오랜 물건
일조간에 돌변이라 변화하는 이 시대에 신구물이 섞였으니 형
형색색 저 모양은 얼른세계 되었구나"라는 식으로 묘사된다. 태
양력과 태음력의 공존, 지전(紙錢)으로 대표되는 신화폐와 엽전
으로 대표되는 구화폐의 공존, 양복과 한복의 공존, 그리고 천
주와 공자가 공존하는 당시의 일상은 "가관이오"라는 개탄의
목소리를 낳을 정도로 전통과 서구는 혼거하고 있었다(『대한매일
신보』, 1909.10.26).

　이처럼 '새것=서구'와 '옛것=전통'의 윤리적 잣대의 혼거는
남녀동등론에서도 어렵잖게 확인할 수 있다. 남녀동등의 실현은
단순히 야만적이고 구습적인 일상을 문명적인 새로운 일상으로
대체하는 것이 아니었다. 남녀동등의 바탕에는 기존에 당위적인
것으로 받아들여졌던 음양론과 새로 도입된 기독교적 가치가
혼재되어 있었고, 이러한 혼재는 당대 불합리한 여성의 일상을
타파하기보다는 오히려 여성에게 또 다른 짐을 부과하는 결과
를 초래하였다. 따라서 남존여비 풍조를 비판하는 남녀동등론이

어떤 논리 위에서 전개되고 있는지를 이해하는 것은 바로 남녀동등론이 펼치고 있는 새로운 세계의 지평을 이해하기 위한 필수적인 작업이다.

먼저 남녀동등을 주장하는 글들은 남존여비 사상을 낳은 음양론을 새로운 시각에서 조망한다. 원래 주역의 '음양론'이 본시 평등한 개념이라 할지라도 건곤(乾坤)의 법칙에서 건을 "천(天)-존(尊)-동(動)-귀(貴)-강(剛)-대태(大胎)"에, 곤을 "지(地)-비(卑)-정(靜)-천(賤)-유(柔)-성물(成物)"에 각각 귀속시키고, 이것을 남녀에 대입하여 남성의 미덕은 강한 것에 여성의 미덕은 유순에 있는 것으로 유도하고자 했다(백지원, 1994 : 31~32). 이러한 『즈역』의 '일음일양지도(一陰一陽之道)'의 원리는 조선시대 남녀관을 형성하는 바탕이 되었다. 그러나 이러한 음양론은 남녀동권론에서 다른 방식으로 변주된다. 즉, 하늘과 땅이 처음으로 나뉠 때에 음양의 두 기운이 있어 만물을 환생하였는데, 이 음양의 배필인 남녀는 비록 다르지만 차등이 있는 분별이 아니라는 것이다(『제국신문』, 1899.10.14). '음양'은 본래 평등을 뜻하는 개념이지 남녀 간 차별을 규정짓는 기준이 아니라는 얘기다.

이와 같이 『주역』의 음양론은 근대계몽기에 이르러 상보적인 개념으로 바뀐다. 계몽지식인들 역시 하늘을 상징하는 남자, 땅을 상징하는 여자, 그리고 강한 것을 귀하게 여기는 남자, 약한 것을 아름답게 여기는 여자라는 식으로 구별하고 있긴 하지만, 그것은 차별이 아니라 구별이며 동시에 평등한 상보적인 관계에 있다는 점을 강조한다.

대저 남자는 곧 하늘이라 하늘이 순환하여 사시와 삼절은 세차를 좇아
자강하고, 여자는 곧 땅이라 땅이 후중하여 동물과 식물이 절차를 좇아 생
성한 즉 땅이 만물을 생성하는 효력이 어찌 하늘이 자강하는 공력보다 못
하다 하며, 하늘이 사시를 자강하는 능력이 어찌 땅이 생성하는 효력보다
더 승하다 하리오 (…중략…) 즉 누구라서 남자만 유독 유용하고 여자는
한갓 무용하다 말 하리오 하늘과 땅이 음기와 양기는 비록 다르나 그 인격은
동등이요, 하늘이 자강하는 때에 땅이 생성치 아니하면 동물 식물이 어디로부
터 생성하며, 남자가 자유 하는 때에 여자는 무용이라 하면 제가치국이 어디로
좇아 완전하리오

—〈남녀의 동등론〉, 『녀자지남』 1권 1호, 1908.4

이 글 역시 하늘을 본받은 남성과 땅을 본받은 여성은 각각
그 기(氣)는 다르다 할지라도 유용성에서는 우열을 따질 수 없기
때문에 남녀의 인격은 동등하다고 말한다. "음양의 권리가 같"
다는 전제 아래 여성은 "이목과 사지"가 똑같은 남성과 그 "영
혼도 재주도" 동등한 존재가 된다(『독립신문』, 1899.5.26).

人種之生에 有男有女하니 男은 稟乎陽故로 有剛強之德하며 女는 稟
乎陰故로 有柔順之義라. 以是로 陰陽이 相交하여 成天地之道하며 男女
가 相濟하여 生天地之化는 萬古不易之理라. 以此見之컨대 男女有平等
之權은 從可知矣어늘

— 『황성신문』, 1900.4.9

이처럼 전통의 그늘 아래 남녀는 음양론의 '상호보완적' 성격
이 강조되면서 동등한 존재가 된다. 동시에 또 다른 한편에서
서구 정확하게 말하면 기독교의 그늘 아래 남녀는 '천부인권(天
賦人權)'을 부여받은 평등한 존재로 간주된다.

우리 동양의 풍속은 자고로 여인을 사나이보다 낮게 알아 천리가 사나이는 높고 여인은 낮은 줄로 아니 하느님이 어찌 당초에 남녀로 고하의 분등이 있게 내셨으리오 우리나라는 여인을 낮게 아는 까닭으로 천리까지 잘못 알았도다.

　　　　　　—〈부인을 낮게 봄이 불가한 일〉,『가정잡지』1년 7호, 1907.1

계몽지식인들은 분명한 어조로 "하느님이 사람을 내심에 남녀가 동등"하다고 말하면서 여자라고 남자보다 조금도 못할 것이 없다고 했다(『녀자지남』 1권 1호). "저 지공무사하신 하느님께서 우리 사람을 내시매 평등의 인격과 평등의 자유와 평등의 복을 갖춰 품부하사 무삼 후박이 없이 내리셨"(『대한매일신보』, 1908.12.10)다는 기독교적 남녀동권을 주장하는 사람들은 여성의 평등과 자유의 권리를 천부인권으로 파악했던 것이다.

이처럼 남녀동등론은 전통적인 '상보적인 음양론'과 기독교의 '천부인권설'의 장(場) 위에서 그 당위성을 확보한다. 그러나 상보적 음양론이 말하는 남녀동권과 기독교적 천부인권이 말하는 남녀동권은 본질적으로 상충될 수밖에 없다. 당시 남녀동등론은 서로 이질적인 이 두 논거의 절묘한 혼합을 시도하고 있었다. "태초시에 하느님이 사람을 내실 적에 일남일녀로 작정하신 것은 음양의 공효가 서로 같음이요, 남녀의 권리가 동등"(『제국신문』, 1901.1.31)하기 때문이라는 주장은 하느님이 음양의 원리에 따라 남녀를 만들었고, 이때 그 음양의 공효(功效)가 같기에 남녀의 권리가 같다는 논리에 입각해 있었다. 마찬가지로 "하느님께서 당초에 남녀를 내시매 음양이 서로 배합이 되었으니 음이 없으면 양이 쓸데없고 양이 없으면 음이 쓸데없나니 남녀가 동

등"(『대한그리스도인회보』, 48호, 1897.12.29. 김윤성, 2001 : 63에서 재인용)
이라는 주장 역시 음양의 논리와 천부인권 논리의 혼합을 잘 대
변하고 있다.

하느님이 음양의 원리에 따라 남녀에게 동등한 인권을 부여
하고 있다는 논리는 여성의 일상을 서구의 준거와 전통의 준거
모두를 따르도록 했다. 여성은 전통적인 여성의 역할을 수행하
는 가운데 또 한편으로 서양의 여성의 미라고 소개되는 덕목을
함께 갖추어야 했던 것이다. 이와 관련하여 좀 더 구체적으로
살펴보기로 하자.

먼저 상보적 음양론의 경우, 비록 음과 양이 존비(尊卑)가 아
닌 평등의 개념임을 강조하였다 할지라도 양=하늘=남성, 음=
땅=여성이라는 뿌리 깊은 연결고리는 변함없이 지속되고 있었
다. 상보적인 음양론은 전통적인 여성의 성역할을 미화하고 여
성을 그 역할 안에 가두는 데 사용되었다(김윤성, 2001 : 60~64). 극
단적으로 말해 음양론의 인식틀 아래에서 땅으로서의 여성은
하늘의 미덕을 겸비할 수 없게 된다. 남녀동등론이 이렇듯 음양
론에 준거를 두고 있는 것은 정형화된 기존의 여성의 틀을 넘을
수 없는 담론의 한계를 보여준다.

특히 여성교육의 필요성을 주장하는 많은 글들은 여성의 교
육이 곧 유능한 아내와 어머니를 양성하는 것이라고 설명한다.
이러한 논지는 조선사회에서 여성의 윤리규범이었던 '여성=아
내=어머니'이자, '여성=가정인'이라는 전제를 벗어나지 못한다.
다시 말해 상보적 음양론을 바탕으로 한 남녀동등론은 여성의
삶의 영역을 가정이라는 사적 영역에 묶어두고 있다. 따라서 여

성에 대한 인식에서 변화를 보여주지 못한 남녀동등론은 남자와 동등한 권리를 여성에게 주는 만큼 보다 엄격하게 여성으로서의 '여성'을 실천할 것을 요구하고 있었다.

무엇보다도 남녀동등의 목적은 기독교적인 배경에 의해 구체적으로 드러난다. 계몽지식인들이 기독교에 주목한 것은 "저 미국의 독립과 희랍의 독립이 모두 그 인민의 신교력으로 비롯"(『대한대일신보』, 1905.12.1)되었기에 작금의 조선의 "한 가지 살 길은 무엇인고 하면 예수교를 믿는 데" 있다(『대한매일신보』, 1907.7.31)고 여겼기 때문이다. 다음 글은 이러한 인식의 단면을 적확하게 보여준다.

> 원컨대 동포들은 다 구주를 독실히 믿어 한 몸의 죄와 한 나라의 죄를 속량하고 주의 은혜를 감복하여 몸이 죽더라도 어진 사업을 이루며 창생들도 구제할지어다. (…중략…) 상제를 대주재로 삼고 기독으로 대원수를 삼고 성신으로 검을 삼고 믿음으로 방패를 삼아 용맹 있게 앞으로 나아가면 누가 죄를 자복지 아니하며 누가 명을 순종치 아니하리오. 지금 예수교로 종교를 삼는 영 미 법 덕국의 진보된 영광이 어떠하뇨. 우리 동포들도 이것을 부러워하거든 그 나라의 승봉하는 종교를 좇을지니라.
> —『대한매일신보』, 1908.3.12

이 글에서 드러나듯이 계몽지식인들이 기독교에 주목했던 이유는 바로 영국·미국·프랑스·독일로 대표되는 열강의 '진보된 영광'의 이면에 기독교가 있다고 판단했기 때문이다. 남녀동등의 서구적 준거로 빌려온 기독교는 여성에게 권리를 부여하기 위한 것이었다기보다는 조선의 경쟁력을 도모하기 위한 한 방편이었다. 여성동등에 대한 계몽의 궁극적 목적은 바로 여성의 삶의 변화를 통한 강건한 국가의 건설에 있었던 것이다.

이처럼 하늘이 부여한 여성의 권리 역시 철저하게 국가를 위한 것이었다. 따라서 여성동등론은 궁극적으로 국민으로서의 여성의 의무만을 강조하는 결과를 초래할 수밖에 없었다. "근일에 소위 여학생이란 것들은 정작 학문은 아무것도 없고 지레 시어서 남녀동등권이니 천부인권이니 하는 말을 주장하여 말괄량이가 되지 아니하면 무뢰 소년과 연극장 출입이나 하는 것을 능사로 아는 것들뿐"(『안의 성』, 『한국신소설전집』 4권 : 69~70)이라는 말에서도 알 수 있듯이 여성에게 주어진 남녀동등권은 개인적 활동을 위한 것이 아니었다. 그것은 오직 국가적 활동을 위하여 매진하는 여성에게 내려주는 일종의 보상과 같은 것이었다.

이와 같이 남녀동등론은 음양론을 바탕으로 한 유교적 여성관을 여성에게 그대로 강요하였으며, 동시에 천부인권을 들어 공적 영역에서 활약하고 있는 서구 여성의 모습을 소개하고 여성에게 '국가'를 위한 활동을 종용하였다. 『제국신문』은 남녀가 동등한 문명국인 미국의 경우를 예로 들어 미국에는 남자와 같이 사업에 주장하는 부인이 많아 대학교 교사 외에 신문월보 주필이며 큰 회사와 교회 사상 회당 각색 사업가를 통계하면 1/3은 남자이고 2/3가 부인이라고 주장한다(『제국신문』, 1902.9.29). 물론 이것은 과장된 통계이지만, 여기에는 이런 여성의 모습을 조선사회에서도 발견하고 싶다는 지식인들의 원망(願望)이 투영되어 있다고 해야 할 터이다.

근대계몽기 며느리로서, 어머니로서, 아내로서, 그리고 주부로서 여성의 역할에 대한 재평가는 가정 내 여성역할의 중요성을 일깨우는 계기가 되었다. 그러나 여기서 간과해서는 안 될 것이 이러한 여성역할의 중요성에 대한 강조가 오히려 여성에게 보다 많은 의무를 요구하게 되었다는 사실이다.

2) 여성의 일상이 배제된 남녀동등권

근대계몽기 새롭게 생성된 여성윤리에는 여성의 관점에서 '여성'을 조망하고 이해하고자 하는 시각이 결여되어 있다. 계몽지식인들이 말하는 여성의 권리는 여성을 위한 권리가 될 수 없었고, 바로 이 지점에서 남녀동등론은 그 한계를 드러낸다.

남녀동등론을 포함해 일련의 계몽적 담론을 생산했던 계몽의 주체들은 여성을 '여자계'로 범주화하였다. 이것은 교육계, 학문계, 농업계, 공업계, 상업계, 재정계, 관리계, 양반계, 소년계, 노동계와 함께 여성이 사회의 한 구성범위가 되었음을 의미하며, 궁극적으로 여성에 대한 계도가 계몽의 시선에 포착되었음을 뜻한다. 계몽지식인들은 여성들의 의식 변화를 이끌기 위해 노력하였고, 그 대표적인 것이 순한글체 신문이었다. 당시 표기법의 문제는 문체의 문제이기도 했지만 세계를 바라보는 시각의 문제이기도 했다. 어떤 표기를 택하느냐는 '국가'와 '국민'에 대해 어떤 사고를 갖고 있는지를 보여주는 징표였다(권보드래, 2000 : 136). 『독립신문』과 『제국신문』이 처음부터 순한글체로 발간하고, 『대한매일신보』가 국한문혼용체에서 1907년 순한글본과 국한문혼용본으로 전환한 이유 중 하나는 '여성'을 독자로 끌어들이기 위해서였다.

　사회적 분자로 호명된 여성에게는 분자로서의 역할 즉 '국민'의 자격이 요구되었다. 예컨대 기생이 판사가 되어 한국 여성을 재판하는 내용을 담고 있는 글에서 이를 확인할 수 있다. 기생 계월향이 재판장이 되고, 논개가 검사가 되고, 춘향이 서기가 되어 "요악한 계집년", "음탕한 화냥년", "매음하는 일녀" 등 "한국 내의 여 죄인을 포박"하여 하나하나 재판한다. 그리고 "의주기생 금선이는 애국심이 간절하여 신학문을 공부하고 신문지를 애독하니 포증장을 내어주어 그 행검을 포양하라"(『대한매일신보』, 1910.3.3)는 판결로 글을 맺는다. 금선이는 비록 기생이지만 애국심으로 신학문을 공부하고 신문을 애독하고 있다는 말의 의도는 아마도 일반 부녀자라면 기생보다는 애국적 활동이 활발해야 하지 않겠느냐고 충고하는 데 있었을 터이다.

　이처럼 계몽지식인들은 기회가 있을 때마다 '국가'를 강조하였고, 남녀동등론 역시 '국가'의 범위 안에서 논의되었다. 물론 여성이 학문을 배우는 것은 "나라를 위하느니 집을 위하느니 하여도 제일 긴절하게 말하면 자기의 몸을 위하여 신세를 그르치지 않고자 하는 주의에서부터 출발하는 것이지 남을 위하는 것이 아니"(『제국신문』, 1906.11.16)라는 주장이 없는 것은 아니지만, 이런 진술은 예외에 속한다. 대부분의 계몽담론은 교육을 통해 "남자에게만 의뢰하는 행습"이 사라지고 "여자도 벌이가 늘어서 재물이 요족하게 될 것"이라고 하면서, 여성이 자립적 존재로 자리매김하는 데 교육이 그 바탕이 될 수 있다고 주장한다. 이와 함께 "여학교의 설시"는 "문명부강의 기초"가 된다는 말도 잊지 않는다(『제국신문』, 1906.4.11).

교육을 포함한 여성의 권리에 대한 강조는 여성에게 가정 밖의 사회에서 기능해야 한다는 당위성를 부여했다는 점에서 의의를 지닌다. 또한 이러한 주장은 과거의 유교적 여성관과는 분명히 구별되는 근대적 여성 의식의 단초를 제공했다고 할 수 있다. 사실 '신교육' 그 자체는 여성의 권리를 증진시킬 수 있으며, 나아가 여성이 과거와는 다른 모습으로 살아가도록 해주는 자원으로 기능할 수 있다. 또 남존여비적 일상을 신세한탄조의 탄식이나 여자로서의 숙명으로 귀결시키지 않고, 그릇된 제도와 모순된 윤리로 직시하여 이러한 인식을 공적 담론으로 표출하는 것은 충분히 '근대적'이라 부를 만하다. 즉 남존여비적 일상의 모순을 공적 영역에서 표출한다는 것은 이전의 여성관과는 분명히 다른 '근대적 여성의식'의 등장을 뜻한다.

그럼에도 불구하고 이러한 주장만으로는 당시 계몽담론에 내재한 모순을 해결하지 못한다. 남녀동등론의 한계는 무엇보다도 거기에서 여성의 시선으로 본 '여성'을 발견할 수 없다는 것이다. 당대의 계몽담론에는 여성의 시선으로 바라본 여성의 일상이 반영되지 않았다. 따라서 가족과 사회 안에서 열악한 여성의 지의를 개탄하였다 할지라도 이것은 본질적으로 여성을 위한 주장이 될 수 없었다. 왜냐하면 계몽담론이 주창하고 있는, 여성을 위한 일상의 변화는 궁극적으로 '여성'을 위한 변화가 아니라 '국가'를 위한 것이었기 때문이다. 『독립신문』이 자신들은 조선의 여성과 같이 "천하고 가난하고 무식한 사람들의 친구"라고 자처하면서 "조선 유지각한 여인네들은 당당한 권리를 뺏

기지 말고 아무쪼록 학문을 배워 사나이들과 동등"하기를 바란다고 말하면서도, "사나이들이 못하는 사업을 할 도리를 하여보기를" 바란다는 충고를 잊지 않고 있음에(『독립신문』, 1896.9.5) 주목해야 한다.

한편, 시간이 흐르면서 근대계몽기 담론장에도 서서히 여성의 목소리가 더해지기 시작한다. 한 여성 노인은 『제국신문』에 "삼천리 봉강 안에 살고 있는 나"는 비록 여성이지만 "우리 황상의 적자"임이 분명하기에 당당한 국민으로서 "대한국 정치와 동포의 명예"를 우려하고 있다는 글을 쓰기도 한다(『제국신문』, 1900.3.21). 이러한 여성의 글은 곧 사적 영역에만 머무르던 여성이 신문 등의 매체를 통해 공적으로 발언하기 시작했다는 것을 의미한다.

그렇다면 이러한 여성의 글쓰기는 계몽지식인들의 시각과 구별되는 여성적 시각을 반영하고 있었을까. '염랑자'라는 필자가 쓴 다음 글은 전국의 '여성계'를 조목조목 비평하는 것으로 시작한다.

> 우리대한 전국안에 여자계를 살펴본즉
> 몇천년을 갇혔다가 개명풍기 들어온후
> 여자들도 남자같이 사회학교 종사하며
> 총명재질 확충하여 개명됨이 가하거늘
> 구습그저 못버리고 패악한자 불소하니
> 한번 비평하여 볼까
>
> —〈시사평론〉, 『대한매일신보』, 1909.8.17

이 글은 개명한 풍기(風氣)가 들어오기 전의 조선사회를 감옥으로 그리고 그 안에서의 여성의 삶을 갇힌 삶으로 묘사한다는 점에서 당대 계몽담론의 내용과 흡사하다. 그녀는 여성 역시 남성과 같이 사회와 학교에 종사하여 개명되어야 한다고 하면서 일련의 여성의 역할을 제시한 후, 그렇지 못하는 여성들을 구습을 못 버리는 "패악한 자"로 단죄한다. 그리고는 문명의 규율을 지키지 못하는 여성을 "매음여인네", "완고여인네", "완패여인네", "간교여인네", "곰보여인네", "완악여인네"로 규정한다.

이 글의 필자는 여성 스스로를 국가 혹은 사회의 당당한 한 분자로 간주하면서 여성도 남성과 다를 게 없다고 확언한다. 여성이 자신의 이름으로 신문에 사회비평을 행하고 있는 것은 분명 근대적인 여성의식의 맹아(萌芽)라 할 만하다. 그러나 계몽담론 생산에 동참하고 있는 여성의 글쓰기는 엄밀하게 말해 '여성'의 입장에 선 '여성'의 주장이 아니라는 데 한계가 있다. 이들은 여성을 어디까지나 보다 상위의 것을 달성하기 위한 하나의 수단으로 '대상화'하고 있었으며, 그 안에서만 여성으로서의 자긍심을 느끼고 있었다. 다시 말해 이들은 철저하게 계몽의 시선에 감금되어 여성의 역할을 주창하였고, 이러한 이들의 주장에는 여성만이 공유할 수 있는 여성적 삶이 반영되어 있지 않았다.

여성이 사적 영역에서 벗어나 공적 영역에서 글쓰기를 비롯한 여러 활동을 수행하는 것은 과거와 비교할 때 놀라운 변화라 할 수 있다. 그러나 계몽의 장에서 활약했던 여성들은 국가를 위한 여성의 역할만을 강조한다. 여성은 스스로를 계몽의 주체가 아닌 계몽의 대상으로 머물도록 강박하면서 자신을 포함한 여성에게 엄격한 계몽의 잣대를 들이대고 있었다.

이처럼 계몽의 시각 안으로 수렴되었던 여성은 언제나 '타자'였다. 타자로 머물고 있는 여성은 계몽의 '대상'에 불과하다. 남녀동등론 분명 여성의 굴레로 지목되었던 남존여비적 윤리의식을 타파할 수 있는 중요한 계기를 제공했다. 그러나 여성이 국가를 위한 대상으로 타자화되었다는 것은 그것이 진정한 의미에서 여성의 권익을 위한 주장이 아니었음을 말해 준다.

5. 에필로그

근대계몽기 서구는 전통과 대체되는 형식으로 조선에 유입된 것이 아니라 전통적 윤리의식 위에 서구적인 것이 혼거하는 모습으로 정착되었다. 그래서 오늘날 한국 가족에는 전통성과 근대성이 동시적으로 결합되어 있으며, 그 결과 한국가족에는 근대 가족이 본질적으로 갖는 긴장과 딜레마가 더욱 복잡한 모습으로 나타난다(문소정, 2001 : 35). 이 글이 근대계몽기에 주목하는 이유는 그 당시가 한국가족의 이러한 특성이 시작되는 시점이기 때문이다.

당시의 여성은 수적으로는 인구의 절반에 해당하는 '다수'의 위치를 차지하고 있었지만, 유교적 척도에 의하여 규중 안에서의 삶에만 머물도록 강요받는 '소수자'였다. 남녀동등론 이러한 인식틀의 전복을 기도하였다. 조선의 이천만 인구 중 그 반에 해당하는 여성은 남성과 마찬가지로 국가의 당당한 일분자로 간즈되었다. 계몽지식인들은 여성을 교육의 '대상'으로 인식하면서 남성과 동등한 여성의 권리를 주창하였다. 남존여비적 일상에 맹렬한 비난을 퍼부었던 남녀동등론자들은 여성을 새로운 인식의 장(場) 위로 옮겨놓았다. '남녀동등'이란 새로운 준거는 내외법을 비롯하여 과부개가금지, 축첩제와 같은 전근대적인 일상을 타파할 수 있는 강력한 기제였음이 분명하다. 이러한 측면에서 남녀동등론에서는 우리는 과거의 전근대적인 여성관과 분명히 구별되는 근대적 여성의식을 읽을 수 있다.

그러나 여성의 자유와 여성의 권리를 주장하면서 여성의 새로운 삶의 지평을 펼치고 있는 남녀동등론은 여성이 '국가' 안에서 유용성을 지닐 때에만 그 존재 이유를 찾을 수 있었다. 문명부강한 독립국가 건설이라는 시대적 요청에서 벗어나는 것은 그 무엇도 용납되지 않는 현실 속에서, 여성 역시 국가라는 척도에 근거하여 그 존재가치가 규정되었다. 국가적 질서 안에서 여성을 인식했던 계몽지식인들은 여성의 활동과 그 가능성 역시 그 틀 안에서만 논의하였다. 남녀동등론은 장차 국민의 '어머니'가 될 여성의 역할을 강조하였지만, 이러한 주장은 여성을 어머니로 고착시키는 결과를 낳았다. 자녀를 국가적 영웅으로 기르는 것, 이것은 남녀동등론에 따라 교육권을 확보하게 된 여성의 중요한 의무가 되었다. 그러므로 여성을 둘러싼 윤리적·제도적 공간은 과거의 비해 훨씬 넓어졌지만 여성은 변함없이 견고한 벽에 둘러싸여 있을 수밖에 없었다. 즉 남녀동권론은 여성에게 새로운 공간을 허락하였지만, 이것은 여성의 또 다른 굴레였다. 이 벽 안에서 여성은 어머니이자 아내로서 그 본분을 다하면서 사회의 한 분자로서 인정받을 수 있었지만, 벽 안의 질서를 따르지 못한 여성은 매음녀, 완고녀, 완패녀, 간교녀, 곰보녀, 완악녀가 되어 '타파'의 대상으로 지목되었다. 근대계몽기 여성은 계몽담론이라는 공적 영역에서 '여성'이라 불리지만 이 담론 안에서 여성은 국가를 염두에 둔 '대상'으로 머물 뿐이었다.

제 6 장

여성에 대한 여성의 시각

규방가사를 중심으로

1. 규방가사 또는 여성의 목소리

규방가사는 대표적인 여성적 글쓰기이다. 여성은 자신이 서 있는 자리에서 자신의 일상적 체험을 규방가사를 통해 기록하고 향유하였다. '있는 그대로' 자신을 솔직하게 드러내고 있는 규방가사에는 여성의 일상적인 삶의 흔적이 진솔하게 배여 있다. 더불어 여성이 말하는 바람직한 삶의 방향에 대한 고민이 담겨 있다는 점에서 텍스트로서의 규방가사의 가치는 매우 크다. 여자유행(女子有行)의 규범을 노래하는 〈계녀서〉 같은 규방가사를 제외하고 상당수의 규방가사에서는 '고법(古法)'에 대한 여성의 복잡다단한 감정 표출을 만날 수 있다. 여성은 규방가사를 통하여 일상에 대한 분노, 적대, 슬픔, 한탄, 기쁨 등의 다양한 정서를 표출하는 한편 수용, 회피, 체념, 거부의 방식으로 자신의 일상에 대응하였다. 여성은 동일한 작품에서조차 고법을 적극적으로 수용하는 동시에 그 고법으로 인한 여성으로서의 삶의 버거움에 분노하고 이를 '원수'로 규정하였다. 규방가사에서 읽을 수 있는 고법에 대한 반복적인 '수용'과 '거부'의 양면적 감정은 그 가사를 지은 여성이 말하고자 하는 바를 흐리게 할 뿐 아니라 그 내용의 전개를 이해할 수 없게 만드는 것이 사실이다. 그리고 이러한 측면은 "의미도 잘 통하지 않고, 내용도 좋지 않고, 의미도 불명(不明)한 졸작"(권영철 외, 1979 : 133)이라거나, 작품의 내용이 "다소 산만하다"(권영철, 1985 : 114)는 등의 지적으로 이어진다. 그러나 이런 규방가사의 특성이 여성의 일상을 여성의 관점에서 읽을 수 있는 텍스트로서의 가치를 절하시킨다고 말할 수는 없다. 따라서 문학성보다는 많은 여성이 무엇 때문에 규방가사의 창작활동에 동참하였고, 무엇이 이들로 하여금 다른 여성의 규방가사를 베끼면서까지 향유하게 만들었는지, 그리고 그것이 여성에게 미치는 영향은 무엇이었는지 등 다각적인 측면에서 접근할 필요가 있다.

또한 지금까지 규방가사 연구는 그것이 여성의 관점에서 여성과 가족을 이해할 수 있는 많은 단서를 제시하고 있음에도 불구하고 매우 단편적으로 이루어져왔다. 규방가사를 이해하기 위해서는 당시의 시대적 배경 위에서 그것을 읽어야 한다. 남존여비적 여성의 일상을 야만적 악습으로 비난하면서 '남녀동등'이란 새로운 방향을 모색하고 있는 계몽지식인들의 주장은 그것에 대한 찬반과 관계없이 여성의 의식 변화에 상당한 영향력을 행사하고 있었다. 이 글에서는 당대의 계몽지식인들이 '여성'의 일상을 강력하게 비판하고 있을 때, 바로 그 '여성'은 무엇을 말하고 있었는가에 주목하고자 한다. 이 글의 목적은 '규방가사'[6]란 텍스트를 통하여 당시의 여성들 즉 신식교육을 받지 못한 절대 다수의 여성들이 자신을 둘러싼 일상을 어떻게 조망하고 있었는지를 그들의 관점에서 읽어보는 데 있다. 여성의 일상에 대한 '여성'의 시각과 계몽적인 글들에서 읽을 수 있는 '계몽'의 시각의 차이를 예각화함으로써 우리는 여성의 주장을 보다 폭넓게 이해할 수 있을 것이다. 여성에 대한 계몽지식인들의 목소리는 여성에게 강요되는 위로부터의 '규율'이라고 볼 수 있는 반면, 규방가사에서 들을 수 있는 여성의 주장은 매일매일의 생활경험에서 나오는 '일상의 목소리'라 할 수 있다. 이처럼 서로 다른 글쓰기에서 나타나는 '여성'의 차이는 남성중심의 계몽지식인들이 주조하고자 한 '여성'과 여성이 말하고자 하는 '여성'이 서 있는 자리를 여실하게 보여준다.

---

6) 규방가사란 여성 혹은 여성들에 의하여 창작되거나 혹은 남성에 의하여 창작되었다 할지라도 작품의 내적 화자(話者)가 여성이 되어 여성에 의하여 향유되고 전승되어온 가사를 말한다. 이러한 규방가사에서는 화자인 여성의 의식과 생활 경험이 농도 짙게 배어 있다. 이 연구에서는 권영철·최정여·이원주·설성경·김홍규·최원식·정형우편(1979), 『규방가사 Ⅰ』(『가사문학대계』 3, 한국정신문화연구원)과 권영철(1985), 『규방가사』(효성여대 출판부)의 자료집을 중심 텍스트로 선택하였다.

2. '규중심처'와 '학교' 사이의 거리

계몽담론과 규방가사가 함께 논의 될 수 있는 것은 이 두 글쓰기에서 도출되는 '여성'이라는 공유영역이 있기 때문이다. 계몽담론은 여성에게 새로운 '여성-되기'를 강요하며 여성을 계몽의 대상으로 호명한다. 또한 주지하다시피 신변탄식류 규방가사의 핵심에 자리 잡고 있는 남존여비적 일상은 계몽담론의 주된 비난 대상이었다. 그런데 바로 이 비난이 계몽담론과 규방가사의 글쓰기가 만나는 지점이다. 여기에서는 '여성은 자신을 둘러싼 일상을 어떻게 생각하고 있었는가'라는 질문을 통하여 여성의 '일상'에 대한 여성의 비판, 그리고 계몽담론과 규방가사의 공통된 여성 비판이 어떤 양상을 띠고 있는지를 살펴보기로 한다.

규방가사에서 보이는 일상에 대한 여성의 자탄은 남자가 아닌 여자로 태어난 '출생'에서부터 시작된다. "우리 인생 생길 적에 어찌타가 우리들은 / 남자명분 못 타나고 여자 몸이 되었는고 / 남자여자 분갈낼 제 복불복이 되었던가 / 죄악으로 마련턴가 복 있으면 남자 되고 / 죄 있으면 여자 되고"〈부녀가〉, 권영철, 1985 : 120~121)라고 하면서 여자로 태어난 것을 한탄하고 있는 화자는 '부녀팔자'를 '철천지원수'로 규정한다. 또 여성이 스스로를 '죄인'이라고 부르는 것에서 여성으로서 산다는 것이 얼마나 힘겨운지 그 깊이를 가늠할 수 있다. 즉 당대의 여성은 여성으로서 갖추어야 하는 일련의 윤리의식을 죄인의 '죗값'과 동등한 것으로 해석할 정도로 여성규범을 가혹하게 여기고 있었다. 여성 화자는 "[남녀의] 인생은 다 같아도 여행(女行)은 전혀 달라 행(幸)할 손 대장부요 불행할손 여자로다"라고 읊으면서 여자라는 이유만으로 "심규(深閨)에 갇혀" 있도록 종용하는 여자유행(女子有行)을 원망하였다(〈여자탄〉, 권영철, 1985 : 110~111). 이처럼 여성들은 남성과 여성이라는 '성'에 의해 구별되는 삶의 양상을 '다름'이 아니라 '차별'로 여기고 있었던 것이다.

일상에서 여성이 접하는 남녀차별의 부당성을 폭로하는 것이 〈여자탄〉의 핵심이다. 특히 여성은 자신의 삶의 시공간을 규방 안으로 한정한 '내외법'을 강하게 비판한다. "옛사람 지은 법이 / 남녀분별 유달하여 남가는 데 내 못가고 / 심중한 규문 속에 주 이로 매었으니 / 불쌍하다 우리 몸이 행보조차 중난하다"(〈화춘가 라〉, 권영철 외 6인, 1979 : 369)라고 노래하는 규방가사는 '남녀분별' 의 유교적 여성관의 무게가 내외법에 의해 극대화되고 있음을 잘 말해주고 있다. 내외법은 "한놀음도 임의대로 다 못 놀고 / 십 리 출입 오리 출입 임의대로 어이가리"(〈여자탄식가〉, 권영철 외 6 인, 1979 : 109)라는 자탄의 원인인 동시에 규방을 '지옥'으로 만든 주범이었다. 이처럼 규방을 지옥으로, 여성을 죄인으로 비유하 는 것은 계몽담론에서도 흔하게 볼 수 있는 수사로서, 내외법에 대한 비판은 계몽담론과 규방가사 모두에서 찾을 수 있다.

그런데 내외법에 대한 여성의 비판이 증가한 것은 여성의 의 식 한 켠에 자신과 남성의 삶을 비교하는 척도가 작동하고 있었 기 때문이다. 내외법을 강요하는 유교적 여성관에 대한 불만은 자연스럽게 남성의 자유로운 삶에 대한 동경으로 이어진다.

남자몸이 되었드면 근들아니 좋을손가
조달공명 못하거든 또한가지 좋은일이
호질남아 대장부로 오입질을 벗을삼아
소연풍채 옥골남아 시주객을 벗을삼아
(…중략…)
평양기생 전주기생 색향으로 놀아보고
도처상봉 만나보니 일면여구 친구로다
태평연호 간곳마다 희희낙락 좋은세월
남자몸이 되었으면 근들아니 좋을손가
그렇치도 못할진대 또한가지 좋은노름
향중친구 도내친구 웃음웃고 반겨만나
앞사랑에 바둑장기 뒷사랑에 화투골패
동작마에 개장취희 섯작마에 탁주신양
주야장청 모여앉아 흥황있게 노름하니
남자몸이 되었으면 근들아니 좋을손가
아무리 여자라도 좋은줄 알건마는
알고도 못하오니 사람값에 같단말가
보고도 못하오니 눈뜬소경 아닐런가
무용한 우리여자 애달하고 가련하다

—〈여자탄식가〉, 권영철 외 6인, 1979 : 106

위의 규방가사에는 남성의 삶에 대한 부러움이 노골적으로
표현되어 있다. 오입질하는 남성, 투기에 빠진 남성까지 부러워
할 정도로 남성들의 삶에 대한 여성의 동경은 깊었다. 그러나
이것은 남성의 방탕한 삶에 대한 부러움이 아니라 이러한 방탕
까지도 수용하는, 남성에 대한 사회적 시선이었을 것이다.

여성은 저울 위에 자신의 삶과 남성의 삶을 나란히 올려놓고
비교한다. 여성은 저울이 보여주는 가파른 기울기를 응시하는

가운데 계몽담론의 목청 높은 '남녀동등'의 목소리를 듣게 된다. 계몽담론이 쏟아내고 있는 '남녀동등'의 외침은 여성의 귀를 번쩍 뜨이게 하는 '사건'이었음에 분명하다. "죽어 남자 원하는데 살아서 남녀동등 / 어찌 아니 좋을손고"라는 〈기망가라〉(권영철, 1985 : 246)의 한 구절은 여성에게 '남녀동등'이 어떻게 다가오고 있었는지를 적실하게 보여주는 예이다. 남성중심사회에서 여성은 '안채' 밖의 삶을 모색할 수 없었기 때문에 공적 기관에 편입될 수 없었고, 이것은 "애잔한 여자 이름 사적(史蹟)에 전혀 없다"(〈반화전가〉, 박요순, 1984 : 317)라는 자탄을 낳았다. 이런 와중에 접하게 된 '남녀동등'이라는 새로운 인식틀은 많은 여성에게 '복음'으로 다가왔을 것이다. 남성처럼 규문 밖에서의 삶을 실현할 수 있다는 것은 여성에게 새로운 세계가 펼쳐질 수 있음을 의미한다. 이제 여성은 자신의 삶을 규율하고 있는 것이 시부모가 아니라 유교적 여성관임을 직시하고 공자와 맹자를 여성의 원수라고 말한다.

> 시부모 원망보다 공맹자가 원수로다
> 우리만일 사나이면 사회사업 하였을걸
> 불행히 여자되어 규중심처 자라나니
> 부모의 엄한교훈 대문밖을 못나보고
> 요조숙녀 관저장을 침선방직 공부할제
> 봉제사 접빈객은 아녀자에 할일이요
> 청춘에 고운낭자 규중속에 늙단말가
>
> ─〈화수답가〉, 권영철 외 6인, 1979 : 410

이 글에서 화자가 비판하는 것은 남성에게는 가정 밖 사회에서의 '사회사업'의 역할을 부여하면서 여성에게는 '규중심처(閨中深處)'에서 '침선방적', '봉제사 접빈객'의 역할을 부여하는 유교적 성윤리이다.

한편, 근대계몽기 여성이 서구문물을 어떻게 수용하고 있었는가는 '신교육'의 수혜자가 되고자 하는 이들의 욕구에서 단적으로 드러난다. 여성이 교육을 말하기 시작한 것은 여성의 변화에 매우 의미 있는 계기가 된다. 물론 여기서의 교육은 집에서 어머니로부터 받는 교육이 아니라 학교교육을 말한다. 남녀동등의 실현은 여성이 '학교'에 편입하는 것으로 구체화된다. 계몽담론은 물론이고 규방가사 안에서도 학교교육을 원하는 여성의 목소리를 들을 수 있다.

> 인간에 사는정도 의식이 구비하여
> 포식난의 하온후에 교육이 없고보면
> 금수모여 노는모양 무엇이 다르리요
> 삼황오제 일뉴지어 곳곳지 학교세워
> 삼강오륜 가르치니 부부유별 음절하고
> 부자유친 천륜이요 군신유의 존비로다
> 장유유서 차례있고 붕우유신 동류로다
> —〈동류 상봉가〉, 권영철 외 6인, 1979 : 632~633

시적 화자는 학교를 통한 여성교육을 당연한 것으로 주장한다. 화자는 계몽담론에서와 마찬가지로 교육의 여부를 사람과 금수를 가리는 척도라고 하면서 여성 역시 교육에서 예외가 될 수 없으며, 여성도 국문을 공부하고, 세계를 배우자고 말한다. "두목지의 풍채라도 무식하면 소장부요, 양귀비의 태도라도 못

배우면 허사로다"라는 구절(<화전가>, 권영철 외 6인, 1979 : 284~285)
에서 교육의 당위성이 규방가사에 수용되고 있음을 알 수 있다.

이것은 계몽지식인들의 주장과 정확히 일치한다. 남존여비적
일상을 거세게 비판했다는 점에서 계몽지식인들과 여성은 동일
영역에 머무른다. 특히 그 비판의 당위성은 남성의 일상과의 비
교에서 발견된다. 지식인들이 활발히 제기했던 남녀동등론은 여
성에게 남녀유별을 남녀차별로 인식하도록 하는 데 의미 있는
영향을 미쳤음에 분명하다. 여성은 자신을 둘러싼 윤리의식을
힘겨운 것으로 인식하면서 소수이지만 학교교육의 필요성을 말
하기 시작한다.

3. 어떻게 '사람'이 될 것인가

규방가사의 주장이 계몽담론과 흡사하다 할지라도, 여성이 말
하는 '여성으로서의 탄식'에는 계몽담론이 제기한 '남존여비적'
인 일상에 대한 비판과 결코 동일화될 수 없는 영역이 존재한다.
다시 말해 규방가사에 나타난 남존여비적 일상에 대한 여성의
시각과 여성을 대상화하여 '국가'를 위한 주요한 도구로 삼고자
했던 '계몽의 시각' 사이에는 건너기 힘든 거리가 존재한다. 이제
'여성교육'과 '이상적 여성상'을 중심으로 계몽의 시각과 차별화
되는 '여성'의 일상에 대한 여성의 시선을 읽어보기로 하자.

근대계몽기에 '여성교육'에 대한 계몽의 열정은 실로 뜨거웠다. 계몽지식인들을 포함하여 당대 계몽의 기수들은 기회가 있을 때마다 여성교육의 필요성을 역설하였다. 이들은 학교제도를 통한 여성교육을 문명의 상징이자 부국(富國)의 지름길로 규정함과 동시에 학교라는 제도 안으로 여성이 편입하는 것을 구습타파의 실천으로 설명하였다. 그러나 계몽담론과 규방가사 모두가 여성교육의 필요성을 당위적인 것으로 설명하였다 할지라도 여성교육에 대한 이 둘의 관점에는 넘을 수 없는 간극이 존재한다.

계몽지식인들은 "규중에서 침선하던 전일구습 폐지하고 외국제도 의방하여 남녀동등 교육하니 대한 풍속 변했구나 봄이 가면 여름 온다"라고 하면서 과거 규중 안에서 침선방적(針線紡績)하는 여자유행(女子有行)을 전일(前日)의 구습으로 명명함과 동시에 외국제도를 의방(依倣)하여 새로운 삶을 조직할 것을 역설했다(『대한매일신보』, 1908.5.1). 그러나 교육을 받을 수 없는, 그리하여 '옛것'의 한 가운데에서 삶을 영위해야 하는 대다수의 여성은 이러한 계몽의 여파 안에서 위축될 수밖에 없었다. 〈화전가〉는 학교 교육을 받지 못한 여성의 심정을 이렇게 표현하고 있다.

차해해라 세상사 살펴보니 시대와
풍조가 변천하야 옛과지금 다르도다
어떠한 여자들은 고등학교 출신하여
양머리 곽곽구두 보석반지 금시계로
뿌하는 자동차와 달달하는 전차로서
동서남북 왕래하고 사회상에 출입하여
남녀평등 오늘시대 훌륭한 여자로되

슬프다 우리어찌 산간벽지 생존하여
산정지뜰 부엌에서 방아찧고 물여다가
음식공지 직분이요 엄봉설한 찬바람에
빨래하기 고생이요 장장한일 더운날에
농사바라지 원수로다 적막한 심금중에
무정세월 허송할지 우수사려 지내는일
곰곰앉아 생각하니 구곡간장 슬픈회포
경불좌승 못견디네

—〈화전가〉, 권영철 외 6인, 1979 : 363~364

여성은 지금 세상이 옛날과 다르다는 것을 잘 알고 있었다. 새로운 시대 풍조는 여성에게 학교교육을 요구하고 있다는 것도 알고 있었다. 그러나 그토록 동경했던 남녀평등의 세상은 오직 '교육받은 여성'에게만 해당되는 문명의 세례였음을 또한 알게 되었다. 여기서 주목해야 할 것은 교육을 받지 못한 여성에게는 남녀차별과 함께 교육받은 여성과 교육받지 못한 여성이라는 또 다른 차별이 부과되었다는 점이다. 양머리, 구두, 보석반지, 금시계로 치장하고 뿌하는 자동차와 달달거리는 전차를 타고 동서남북 왕래하면서 사회상에 출입하는 '고등학교 출신'의 여성 존재는 화자를 비롯한 대다수의 무학(無學) 여성들에게 소외감을 불러일으켰으며, 이것은 성별의 차별이 아니라 같은 여성간의 차별이었기 때문에 피부로 느끼는 위기의식은 더욱 컸을 것이다. 그러므로 음식장만과 침선방직의 여자유행(女子有行)이 더 이상 모든 여성에게 해당되는 당연한 직무가 아니라는 인식은 자신이 서 있는 자리를 더욱 허탈하게 만들 수밖에 없었다. 과거 여성이 자유로운 남성의 삶을 동경했다면, 이제 머리를 서양머리로 곱

게 빗고 맵시 있는 책가방을 들고 시간 맞추어 학교로 등교하여 신학문을 공부하고, 이후 학사, 박사가 되는 '여학생'이 새로운 동경의 대상이 되었다. '개명 발달'한 것으로 묘사되는 여학생은 대다수 여성들과 확연히 구별되는 존재였다. 그리고 이러한 구별은 곧 신교육을 받지 못한 여성이 스스로를 재주 없는 '숙맥'으로 규정짓게 만드는 주요한 원인이 되었다〈동류 상봉가〉, 권영철 외 6인, 1979 : 635).

신교육을 받는 여학도들이 규방 밖에서 활동하는 모습과 그것을 아름다운 것으로 묘사하는 계몽지식인들의 주장은 대부분의 여성을 위축시키기에 충분했다. 그들은 여성교육의 당위성을 '국가'에서 찾았다. 그러나 여성교육에 대한 여성의 목소리에는 '교육'운동에 동참하지 않는다면 과거의 여성이 그러했던 것처럼 또 다시 권리보다는 의무가 강조되는 '소수자'로서 차별을 받을 수 있다는 위기의식이 자리하고 있었다. 요컨대 계몽지식인들은 여성교육을 국가 발전을 위한 수단으로 내세운 반면, 규방가사의 여성 화자들은 교육을 받지 못한다면 또다시 소수자로 전락할 수 있을 것이라는 우려를 감추지 않았던 셈이다.

그러나 무엇보다도 계몽의 기획과 여성의 시각은 '여성을 어떻게 규정지으려 하는가'라는 지점에서 그 '다름'의 층위가 확연히 구별된다. 왜냐하면 이것이 여성에 대한 인식틀과 직결되어 있기 때문이다. 사실 여성교육의 필요성을 설명하는 많은 글들은 여성교육의 목적을 '어머니' 교육에 두고 있었다. 계몽담론 안에서 여성은 '어머니'로 비춰지고, 어머니로서의 삶이 강요되었다. 다시 말해 당시의 여성에게는 자녀를 조선의 동량으

로 키워야 한다는 임무가 부여되었고, 이런 주장은 어머니로서
의 여성의 정체성을 더욱 강화했다. 그렇다면 그 대상이었던 여
성들은 자신의 삶의 방향을 어디에 맞추고 있었을까. 이제 여성
이 말하는 '바람직한' 여성상에 대한 이야기를 규방가사를 통해
읽어보기로 하자.

〈경계사〉는 을사년(1905)에 창작된 규방가사이다. 이 가사의
화자는 당대 '개화'를 시대적 조류로 수용하면서 바람직한 여성
의 삶을 다음과 같이 말하고 있다.

> 어와여자 아이들아 이한말 들어보자
> 서럽고 원통하다 여자된몸 더욱설따
> 나날때 낫건마는 남자몸이 못되고서
> 여자몸이 되었는고 분하고도 원통하다
> 한탄한들 무엇하며 서러운들 어찌하랴
> 애들원통 하다하나 금세로 따져보면
> 남자여자 동권이라 무엇을 지탄하랴
> 행신범백 잘하면은 남자만 못할소냐
> 선도자가 되어보자 모범인물 되어보세
> (…중략…)
> 여자라 하는몸이 출가하면 외인이라
> 사사이 생각한니 한심하고 애들하다
> (…중략…)
> 옛말씀에 일렀으되 여자라 하는몸이
> 원부모형제라 하였으니 여자된몸 서럽더라
> 아들된몸 장할시고 부모의 생전사후
> 자기일신 마치도록 성심성력 받들건만
> 녀자라 하는몸은 부모슬하 있을때는
> 이것저것 몰랐었고 조금철이 들자하니

출가외인 그뿐이라 자식명자 무엇인가
그러나 어찌하랴 옛법을 버릴소냐
말한마디 한걸음을 조심하고 조심하여
일통일정 삼가 어진사람 되어보라
어천만사 민첩하면 뛰어난 인물이니
문호를 빛내보자 친정에도 영화로세
이리저리 생각하니 여자된몸 분하도다
차세에는 여자이나 후세에 다시나서
여화위남 하여보세 평생원한 풀어보자
천지무궁 한탄한들 쓸데없고 허사로다
이것저것 다버리고 사람노릇 하여보자
부모봉양 극진하고 봉제사 접빈객을
친가유무 성심하고 생남생녀 교육하여
여자의무 다하여서 구불절성 찬성듣자
아무려나 행신잘해 어진인물 되어보자

—〈경계사라〉, 권영철 외 6인, 1979 : 76~78

이 글의 화자는 '원부모이형제(遠父母離兄弟)'라는 여자유행이 여자를 더욱 서럽고 원통하게 만드는 직접적인 원인이라는 것을 잘 알고 있다. 또한 출가외인으로서의 딸이 갖는 아픔을 잘 알고 있기 때문에 "여자된 몸 분하도다"라고 말한다. 그러나 전통적인 유교적 여성관이 의식 깊숙이 체화된 여성이었기에 '여자됨'을 규정한 '옛법'을 모두 버릴 수 없었을 것이고, 따라서 이를 벗어난 대안을 내세우기가 어려웠을 것이다. 여성은 자신의 분함과 서러움과 원통함의 기저가 바로 고법(古法)이라는 것을 알고 있었지만, 그것을 완전히 부정할 수 없다고 판단하였기 때문에, 후세에는 반드시 남자로 태어나 "평생원한 풀어보자"라고 하면서 끝없는 한탄을 늘어놓고 있다. 그러나 그것 또한 쓸데없는 일이었기에 화자는 다시 자신이 서 있는 윤리적 공간 안에서 자신의 '최선'을 찾고 있다. 여성으로서의 아픔과 원한을 '승화'시킬 수 있는 지점은 어디일까라는 고민은 '사람노릇'으로 귀결된다. 즉 화자에게 '어진 사람'으로서의 '사람노릇'은 화자 자신이 가지고 있는 윤리관을 수용하는 가운데 '선도자' 혹은 '모범인물'과 같은 사회의 구성원으로서의 역할도 다할 수 있는 것으로 간주되었던 것이다.

그러므로 여성이 말하는 '사람노릇'에 전통적인 여행(女行)인 '부모봉양'과 '봉제사 접빈객'이 포함되어 있는 것은 어찌 보면 당연한 일이라 할 수 있다. 여성은 계몽지식인들이 그토록 힘주어 주장했던 선도자, 모범인물을 '여자의무'를 다하는 가운데 도달할 수 있는 '어진인물', '사람노릇'으로 규정하였다. 이것은 "어와 우리 동류님네 우리도 사람이라 사람일을 하여보세"라고 하면서 어진행동을 통해 어진 부녀로 거듭나자고 하는 여성의 목소리(〈동류 상봉가〉, 권영철 외 6인, 1979 : 635)와도 일맥상통한다. 근대계몽기 서구의 유입은 거스를 수 없는 물결이었다. 이러한 가운데 여성은 "개명문명 자랑말고 / 시세를 보더라도 신구식을 조정하여 / 본심을 조심하세 (…중략…) / 시세를 보더라도 조종하고 조리하여 / 착한 구식 본을 받고 불의 신식 경계하라"(〈생조감구가〉, 한국문화연구원, 1970 : 416)라고 하면서 '착한 구식'을 통해 '사람됨'을 실현하고 그 가운데 사람노릇을 다하고자 하는 것이 당대 여성이 지향했던 삶의 모습이었다.[7] 이와 같이 여성은 착한 구식을 본받아 '사람'이 되어야 한다고 생각했고, 그 사람됨의 전형(典型)에는 있는 그대로의 자신의 욕구가 담기기를 소망했다.

그러나 계몽의 시선은 이러한 여성의 시선과 달랐다. 계몽담론과 규방가사에 나타난 '여성'의 일상에 대한 비판은 공통점을 갖고 있다 할지라도, 이 두 주장은 서로 다른 목적을 가지고 출발하였기 때문에 단지 남존여비적 일상의 비판이라는 점에서만 동일할 뿐 서로 다른 방향으로 향하고 있다. 즉 근대계몽기 지식인들은 당대의 이상적인 여성상을 자녀를 교육하는 '어머니'를 통해 실현해야 한다고 강조한 반면, 여성들은 '사람노릇'을 통해 그것을 달성하고자 하였다. 계몽지식인들은 철저하게 '국가'라는 틀 안에서 여성을 조망했던 것이다. 여성은 '국가'를 위한 유용한 '수단'이라는 점이 무엇보다 강조되었으며, 이러한 인식틀에 갇힌 계몽담론에서는 여성의 관점에서 바라본 '여성'의 삶을 찾아볼 수가 없다. 여성의 입장에서 여성의 삶을 조망하지 못한 계몽의 시선하에서 여성은 항상 '그 무엇'을 위한 하나의 '대상'에 불과했던 것이다.

---

7) 근대계몽기 규방가사에서 '참된 전통의 회복'을 통하여 '사람노릇'을 다하고자 하는 내용은 〈시골색시 설운타령〉에서도 찾을 수 있으며, 이에 대한 자세한 논의는 서영숙(1985), 297~314면 참조.

4. 여성, 무엇을 꿈꾸는가

지금까지 규방가사에 나타난 여성의 '탄식'과 이러한 탄식이 계몽담론과는 어떤 차이가 있는지를 살펴보았다. 이제 계몽담론과 규방가사의 '차이'를 궁극적으로 보여주는 지점이라 할 수 있는 '여성이 말하는 여성의 삶은 구체적으로 어떤 것이었을까'를 중심으로 여성의 이야기를 들어보기로 한다.

1) 딸로서의 삶

유교적 여성관의 핵심 중 하나인 '출가외인'이라는 규범에 따르면 엄격히 말해 딸은 가족의 구성원이 될 수 없다. 즉, 전통사회에서 혼인은 인간의 당위적 통과의례였고, 혼인과 동시에 가족 밖의 '외인(外人)'이 된다는 것은 딸은 가족이 아니라는 것을 의미한다. 이러한 '출가외인 이데올로기'는 혼인 후의 여성의 삶에만 영향을 미친 것이 아니라 미혼여성의 삶에도 지대한 영향력을 행사하였다. 특히 조선 후기로 접어들면서 가족과 사회 안에서 가부장적 색채가 더욱 짙어져 갔고, 혼인 후 딸이 친정에 머무르는 기간은 점점 짧아지고 있었다. 이것은 신부가 자신의 집에서 혼인을 치르고 살다가 신랑을 따라 '신행(新行)'을 가는 시간이 단축되었음을 뜻한다. 이리하여 여성이 자신의 집에서 '딸'로 살아갈 수 있는 시간은 대단히 짧아졌다. 또한 그 짧은 시간조차 곧 '남'의 집으로 출가할 예비 '며느리'로서 '며느리' 교육을 받으면서 '며느리'로서의 삶을 준비해야 했다. 친정을 잊고 시가에 충실한 것이 친정을 위하는 진정한 길이라는 '출가외인' 규범 아래, '딸'로서의 여성의 삶은 제한될 수밖에 없었다. 자신을 낳아준 부모를 떠나 낯선 시가(媤家)의 구성원으로 살아야 했던 '여자유행(女子有行)'의 규범 안에서 여성은 자신의 부모와 직접적인 상호작용이 가능한 '딸'로서의 삶을 박탈당할 수밖에 없었다. 이제 이러한 여성의 '삶'을 자탄하면서 '딸'로 살아가기를 원하는 여성의 목소리를 들어보자.

'신변탄식류'의 규방가사에는 단지 '여자'라는 것만으로도 세인의 눈살을 찌푸리게 한다는 내용의 자탄이 많다. '여자유행(女子有行)' 안에 응축되어 있는 당대의 여성관은 여성에 의해서 비난받았는데, 이때 여성들이 원망하는 핵심은 '원부모이형제(遠父母離兄弟)'의 여성규범이었다. 새로이 태어난 생명이 딸이란 말에 걸인도 찡그리고 과객도 혀를 차는 것은 여성에 대한 남존여비적인 잣대, '규방'으로 제약된 여성의 공간, 혹은 공적 역할의 부재 등도 그 이유가 될 수 있지만, 무엇보다도 여성이 말하는 자괴감의 원천은 '원부모이형제'라는 여성의 삶에 있었다. 많은 여성들이 이구동성으로 "원수로다 원수로다"라고 자탄하는 여자유행의 핵심은 바로 "가연(佳緣) 찾아 성인(成姻)"하는 혼례에 있었다〈화전조롱가〉, 권영철 외 6인, 1979 : 351). 왜냐하면 혼인은 곧 여성에게 머지않아 다가올 '신행'을 포함하는 인생사건이었고, '신행'은 곧 나를 낳아주고 길러준 부모, 같이 자란 형제자매, 그리고 지금까지의 삶의 터전이었던 집, 정든 고향과의 '생이별'

을 의미하기 때문이다. 여성은 혼인과 동시에 '출가외인'으로 배제당하는 단절된 삶을 살아야 했기에 부모형제와의 생이별을 다음과 같이 노래했다.

어마아바 이왠일고 부모동생 다버리고
어데로 가잔말고 전생의 무슨죄로
여자몸이 되어나서 설고지고 깊은은덕
효양한번 못해보고 생이별 하잔말가
미물인 까마귀도 관도지생 있건마는
가련한 이내몸은 보은은 못하든사
인연조차 끊단말가 손목을 후려잡고
다시금 들어앉아 늙은부모 위로하여
나는눈물 숨기면서 목메인소리 겨우하여
어마어마 생각마라 날같은게 자식인가
이십년 기른은덕 다모랄 떨쳐가네
오늘날 지내가면 아무리 불러본들
구고분내 영없으면 무슨수로 다시오리
　　　　　　—〈창회가〉, 권영철 외 6인, 1979 : 198~199

여성에게 원부모이형제의 여자유행은 부모와의 '생이별'을 의미한다. 원근의 물리적인 거리와 관계없이 구고(舅姑)의 허락 없이는 다시 올 수 없는 길이 바로 '친정행'이었기 때문이다. 따라서 '여자유행'에 대한 여성의 가장 큰 고통은 여자가 지켜야 할 고법(古法)인 '원부모이형제'에 있었다.

여성이 남성을 부러워한 것은 남성은 자신과 달리 결혼 후에도 단절되지 않는 삶을 유지할 수 있다는 데에 있었다. 여성은 같은 값에 남자 몸이 되었다면 때마다 조상의 묘를 돌보고 선조의 제사를 분향하는 일이 가능했을 것이라고 말한다.

남성과 여성의 삶의 양상의 차이는 '혼례'란 통과의례를 거치면서 확연하게 두드러진다. 남성은 자신을 낳은 조상을 일평생 섬길 수 있는 반면에 '출가외인'으로서의 여성은 그렇지 않다. 남성은 종자종손(宗子宗孫)의 항렬에 따라 지자지손(支子支孫) 이름 지어 선상당에 제사도 지내고 천추만대(千秋萬代) 지내도록 자손노릇을 할 수 있는 반면에 여성은 혼인과 동시에 추풍의 낙엽처럼 산지사방으로 흩어져 부모형제와 친족과 동무들과 이별을 해야 할 뿐 아니라 친당(親堂) 이름을 둘째로 알면서 언제나 시댁만을 소중히 여겨야 했다〈여자가라〉, 권영철, 1985 : 182).

이때 주목해야 할 것은 원부모이형제라는 여자유행은 본질적으로 여성에게 '불효'의 삶을 강요하고 있다는 점이다. '고법(古法)'이라는 유교적 여성관 안에서 강조되는 기혼여성의 효는 온전히 '며느리'로서 시부모에 대한 효행으로 국한되었다. 물론 친정 부모에 대한 딸의 효행을 찾아 볼 수 없는 것은 아니지만 출가외인이라는 규범 아래서 자신의 친부모에 대한 '딸'

의 효는 제한될 수밖에 없었다. 그러므로 원부모이형제의 규범
이 갇힌 여성의 삶은 여성자탄의 핵심일 수밖에 없었다. 남성
은 '젊고 늙고' 일평생을 부모의 슬하에서 부모를 모시면서 효
성을 다하고 있는 반면에, 여성은 비가 오나 눈이 오나 자신을
잊지 못하는, 그리하여 동지섣달 추운 날에 방이나 안 차가운
지, 오뉴월 더운 날에 땀이나 안 흘리나, 시부모에게 꾸지람은
듣지 않는지 등의 걱정으로 부모의 심기만 불편하게 만드는
존재인 것이다(〈정부인 자탄가〉, 권영철, 1985 : 177~178). 자신에 대
한 걱정으로 마음이 편지 않을 부모를 생각할 때, 여성 자신은
스스로를 '불효자'로 부를 수밖에 없었으며, 이것이 바로 여성
이 원망하는 여자유행이었다.

규방가사의 여성화자들은, 혼인을 흔히 만복의 근원이라고
일컫지만 자신에게 그것은 '복'이 아니라 '출가외인'으로 더 이
상 자신의 집의 가족 구성원이 아님을 예고하는 사건이라고 말
한다. 여성에게 혼인은 낳아주고 길러준 부모의 은혜를 버린 듯
이 떨쳐두고, 동생, 삼촌, 오촌, 육촌 친인척을 남 본 듯이 이별
해야 하는 사건이었다(〈여자탄식가〉, 권영철 외 6인, 1979 : 107). 그녀
들이 '옛법'을 괴이하게 여긴 것은 지극히 당연했다.

남성의 삶이 부러운 것은 그들의 자유로운 삶 때문이기도 했
지만, 그것보다는 부모에게 효행을 다할 수 있는 삶을 누리기
때문이었고, 이러한 남성에 대한 여성의 동경 안에는 딸로서 부
모를 봉양할 수 있는 삶에 대한 소망이 담겨 있다. 자신을 낳아
주고 길러준 부모에 대한 효를 다할 수 있는 삶이 바로 '사람'
의 삶이라고 여겼기 때문에 여성들은 출가외인 이데올로기에

강하게 반발했던 것이다.

반면, 계몽지식인들은 남존여비적 일상을 비판하면서 가정과 사회에서의 여성의 지위를 재평가하긴 했으나, '원부모이형제'로 고통받는 여성의 삶을 언급하지는 않는다. 그토록 뜨거운 열정으로 여성의 '일상'을 재배치하려고 했던 계몽적인 글에서 대다수의 여성이 가장 많이 원망하고 있었던 '원부모이형제'의 여자유행에 대한 언급을 찾아볼 수 없다는 사실은 당대의 계몽지식인들이 '여성'의 삶을 그 자체로 바라보려 하지 않았다는 것을 증거하는 예이다.

2) 아내로서의 삶

원시 유가에서 정(情)은 만물을 생성하는 우주의 동인(動因)으로 간주되었다. 또 희로애락의 순수 감정이야말로 인간성의 근원이자 인식의 근거라고 여겼으므로 정은 부정되어야 할 대상이 아니라 "발현하여 모두 절도에 들어맞"야 하는 조율의 대상이었다(권보드래, 2000 : 32). 그러나 이러한 '정'도 유교적 규범의 틀에서는 특히 부부관계에서조차 공공연하게 표현할 수 없는 것이었고, 심지어 억제해야 하는 것이었다. 조선시대 여성의 대표적 규범서인 『내훈』에서는 부부관계를 다음과 같이 설명한다.

부부는 방안에서 함께 지내기 때문에 버릇없이 굴게 마련이다. 버릇없는 마음이 생기면 말이 지나치며, 말이 지나치면 방자한 마음이 생기며, 방자한 마음이 생기면 남편을 업신여기는 마음이 생기느니라. 이것은 다

멈추며 족함을 알지 못하는 데에서 생기는 것이니라.

—『내훈』, 1986 : 82

『내훈』은 부부 사이에는 엄격한 예가 필요하다고 말한다. 이러한 규범 아래에서 부부간의 '합방'조차 시부모의 지시에 따라 이루어지고 있었다.[8] 여성은 결혼 후 '아내'의 지위에 있다 할지라도 실질적으로 '며느리'로서의 삶에 밀려 그 역할은 크지 않았다. 물론 남편에 대한 '아내'의 역할을 '내조'로 설명하고 있지만, 내조 안에 '사랑'이니 '정'이니 하는 것은 낯선 것이었다. 전통적인 유교적 여성관에서는 남편과의 정서적인 친밀감이 녹아 있는 '아내'로서의 공간이 허락되지 않았다. 부부는 애정보다 의무가 더 강조된 관계였다. 남편의 첩에 대한 아내의 질투는 '투기'란 이름으로 '칠거지악'의 하나가 되었으며, 남성은 부모에 의해 결정된 '아내'보다는 자신의 자유의지로 선택한 첩과 애정을 나누는 경우가 많았다. 즉 남자들은 의무와 애정을 분리하는 이중생활을 해야 했으며, 아내는 시기심을 억압하면서 의무에 충실한 모순된 생활을 했고, 첩은 애정과 천시라는 반목된 감정 속에서 살아야 했다(이광규 1977 : 244). 여성의 결혼은 '아내'라기보다는 시부모에 대한 '며느리', 자녀에 대한 '어머니'로서의 삶을 의기했기 때문에 여성이 남편과의 정서적 감정을 교류할 수 있는 '아내'의 자리를 요구한다는 것은 매우 생경한 일이었다.

그러나 근대계몽기에 이르러 여성은 서서히 '아내'로서의 정

---

8) 사대부가 노부인의 체험담을 담은 기록에서도 4명의 응답자 모두는 남편과 아내는 안방과 사랑에 각각 각거(各居)하면서 시부모의 지시가 있는 날에나 부부가 한 방을 쓰게 되는 일이 가능했다고 말하고 있다(신정숙, 1984 : 205~206).

체성을 확립하면서 남편에 대한 '사랑'을 요구하기 시작하는데, <시골색시 설운타령>은 이를 잘 보여주는 예이다. 이 규방가사 는 서울로 공부하러 간 남편을 기다리면서 시골에서 시부모를 부양하고 사는 젊은 색시가 남편으로부터 '이혼'을 통고 받고, 그 과정에서 겪어야 했던 고통을 읊고 있다. 그렇다면 '서러운 타령'을 털어놓게 하는 원천은 무엇이었을까.[9]

'시골색시'의 서러운 타령은 '서울 낭군'에 대한 그리움에서 부터 시작되고 있다. 젊은 색시는 서울로 공부하러간 남편을 밤 낮으로 그리워하지만, 정작 남편은 소식 하나 보내지 않는다. 편지 한 장 없는 남편의 부재는 스물 두 살의 색시의 일상을 적 막하게 만들었고, 색시는 이러한 자신의 삶을 '가련'하다고 말 한다. 남편이 어디에 있는지, 그리고 그곳에서 무엇을 하는지

---

9) 서영숙(1985)은 이 작품을 중심으로 변화하고 있는 '개화'의 시대상황과 그로 인한 '시골색시'의 내적 갈등을 면밀히 분석하고 있다. 작품 속의 '시골색시'는 님으로 대표되는 '개화'와 시부모로 대표되는 '전통' 사이에서 자신이 설 곳을 찾지 못한 채 방황하다가 마침내 '여자도 사람이며, 사람노릇을 해야 한다'는 자 각을 함으로써 '님'을 자기에게 이끌어 들이겠다고 결심한다. 이러한 자각은 결 코 전통 이탈이나 개화 지향이 아니라 '참된 전통의 입장에 선 개화의 포용'을 뜻한다. 그러나 이러한 설명은 '님' 즉 남편의 사랑을 요구하고 있는 '시골색시' 의 '아내'로서의 정체성 욕구를 간과하고 있다. 다시 말해 이 규방가사에서 색시 가 말하는 '님'은 '님'과의 이별을 노래하고 있는 수많은 '이별가'류의 규방가사 와 다른데, 그것은 색시가 '따뜻한 가정'을 염두에 두고서, '아내'라는 자리에서 님이 아닌 '남편'의 '사랑'을 요구하고 있기 때문이다. 그러므로 전통적 규범과 는 상당한 거리를 두고 있는 '아내'로서의 삶을 갈구하고 있는 '시골색시'의 모 습은 여성이 '근대적 여성의식'을 형성하게 되는 과정을 추적할 때 의미 있는 장면이 아닐 수 없다. 더군다나 '시골색시'를 포함하여 규방가사의 창작자들 그 리고 이러한 규방가사를 향유한 여성들이 당대의 '신교육'이나 혹은 서구의 '신 사상'을 선도적으로 이끌거나 또는 직접적인 영향을 받은 여성, 흔히 일컬어지 는 '신여성'이 아니었다는 점을 고려할 때 이는 의미 있는 변화가 아닐 수 없다.

잘 알고 있는 상황에서, 가련함이란 수식어는 전통적인 부덕(婦德)과 어울리지 않는다. 이러한 색시의 모습은 시부모의 비난을 사기에 충분했다.

우리는 너의시절 책짐지고 절간가서
두달석달 있다와도 저런꼴 아니했다
나의전생 무슨죄로 여자몸이 되었던고
주저앉아 울어볼까 울기조차 자유없네
불합한 이한가정 시집살이 괴로워라
젊은청춘 님그리고 독수공방 서러워라
누웠으나 잠이오나 무궁한 나의회포
뉘게서나 호소하리 봄밤이 짧다해도
임생각과 함께 길어가는 세월은
빠르건만 오는세월 더디고나
언제나 여름와서 우리님 만나볼고
　　　　　—〈시골색시 설운타령〉, 권영철 외 6인, 1979 : 113

　여기서 색시는 남편 없는 상황에서 오직 '며느리'로 살아가는 삶을 "불합한 이 한 가정"이라고 말한다. 이때 색시가 말한 '불합'이라는 말은 단지 자신의 처지를 이해하지 못하는 시부모와의 불편한 관계에서 나온 것만은 아니었다. 그녀는 '효'라는 규범이 제시하고 있는 '며느리'의 역할이 아닌 남편의 '아내'가 되고 싶어한다. 지금의 이 '불합'한 생활을 개선할 수 있는 길은 오직 색시의 님 즉 남편이 오고, 그 남편과 유형, 무형의 실제적인 상호작용을 하면서 '아내'로서의 자리를 찾는 것뿐이다. 그러나 여름방학을 맞아 그토록 그리워했던 남편이 돌아오지만, 서울에서 '신학문'을 수학한 남편은 이미 '무학(無學)'의 색시를

자신과 어울리는 짝으로 여기지 않는다. 설상가상으로 남편은
색시에게 '이혼'까지 통고한다.

> 꿈인양 참인양 청천벽력 나리는듯
> 이혼이란 무슨변고 이혼이란 무슨일고
> (…중략…)
> 어서어서 세월가서 삼년이란 세월가면
> 우리집 졸업맞고 따순가정 하렸더니
> 내가슴에 그리던꿈 아침풀에 이슬내고
> 뜻아니게 오월비상 연화꽃의 이왠일고
> 나도어려 남과같이 학교가서 배웠으면
> 이런변고 없을것을 후회한들 쓸곳있나
> 배울때는 지나갔네 어릴때는 지나갔네
> 때가고 님버리니 나의팔자 어이할고
>
> —〈시골색시 설운타령〉, 권영철 외 6인, 1979 : 114

청천벽력 같은 남편의 이혼통고는 그녀가 온 몸으로 참아온
칠팔 년의 시집살이를 물거품으로 만들기에 모자람이 없다. 그
녀는 오직 삼 년 뒤 남편의 졸업 후 가지게 될 '따순 가정'을 꿈
꾸면서 기다림의 아픔을 씻어낼 수 있었기 때문이다. 여기서 주
목해야 할 것은 색시가 말하는 '따순 가정' 즉 '따뜻한 가정'의
근간은 바로 '부부애'를 핵심으로 하는 가정이라는 점이다. 이
러한 색시의 소망에서 그녀가 남편과의 관계를 바탕으로 한 '아
내'의 역할을 갈구하고 있음을 다시 한번 확인할 수 있다. 그러
나 남편의 마음은 이미 서울에서 '자유연애'로 만난 '학교교육'
을 받은 신여성에게 가 있었다. 그러했기에 색시는 남편의 마음
을 사로잡은 그 '신여성'과 같은 배움이 없는 것을 원통해 하면

서 '나도 어렸을 때 다른 사람처럼 학교에 가 배웠더라면 이런 변고는 없었을 텐데'라며 후회하고 있다.

그럼에도 불구하고 색시는 전통적인 유교적 '여성관'을 내면화한 여성이었기 때문에, 남편이 자신을 '아내'로 인정하지 않는다 하더라도 그녀까지 '지아비'인 남편을 버릴 수는 없었다. 색시에게 '불경이부', '출가외인'의 윤리관을 떠난 삶은 생각할 수 없었으므로 색시는 "불경이부 가르침은 뼈에 새겨 못 잊겠네 / 죽어도 이집에서 살아도 이집에서"라고 하면서 자신의 삶의 터전은 남편이 있는 '시집'임을 다시 한 번 확인하고 있다. 그러나 이러한 확인에도 불구하고 '며느리'가 아닌 '아내'로서의 삶을 원하던 색시였기에 자신을 버리고 떠난 '남편'에 대한 원망은 깊어만 간다.

> 무정한 님이건만 가고나니 더욱설워
> 빈방안에 드러서니 쓸쓸하기 감옥같네
> 옛동산의 푸른잎은 초서리의 빛변하고
> 광풍에 나부끼며 이리저리 흩어내니
> 사람맘과 세상일은 날로날로 달라가니
> 의지할곳 어디매요 믿을이 누구매요
> ─〈시골색시 설운타령〉, 권영철 외 6인, 1979 : 115

남편과의 따뜻한 가정을 일구고자 하는 소망은 무산되고, 색시의 삶은 더욱 쓸쓸해진다. 남편의 부재는 그녀의 삶의 공간을 '감옥'으로 만들었다. 색시를 둘러싼 세상은 '개화'의 명분 아래 빠른 속도로 달라졌고, 달라진 세상에 맞추어 '사람' 역시 달라지고 있었다. '사람'이 달라진다는 것은 곧 사람의 의식, 사람의 마음이 달라지는 것을 뜻한다. 유교적 가족윤리의 틀 안에서 색시는 남편의 '조강지처'로서 당당할 수 있었으나, 색시가 그토록 믿어왔던 '유교적' 규범은 계몽담론에 의해 어느덧 '구습'이 되었고, 색시의 남편은 이러한 계몽의 편에 서서 '색시'를 아내로 받아주지 않고 있었다. 그러므로 '조강지처'로서의 색시의 위상은 남편이 가진 윤리적 잣대 아래에서는 초라한 것으로 전락하고 만다. 남편을 믿었으나 자신을 떠난 남편은 더 이상 믿음의 대상이 되지 못하며, 남편이 없는 시댁은 그녀에게 삶의 기쁨을 주는 진정한 '안식처'가 되지 못한다. 결국 색시는 '의지할 곳'과 '믿을 이'를 한꺼번에 잃고 만다.

이와 같이 여성이 갖는 '아내'로서의 정체성은 시골색시가 소망했던 '따뜻한 가정'을 만드는 근간이었다. 색시가 말한 '따뜻한 가정'은 '사랑'을 바탕으로 한 부부관계를 중심에 둔다. 여성의 '아내'로서의 욕구는 '부부관계'를 재발견하는 원동력이었으며, '가정'이라는 단위 역시 새롭게 '재구성'하고자 하는 의지이기도 했던 것이다.

근대계몽기 남녀동등론은 가정 안에서 커다란 갈등의 씨앗이 되었다. 왜냐하면 '남녀가 동등하다'는 인식이 새로운 여성관을 제시함과 동시에 부부관계의 재편성을 요구하고 있었기 때문이다. 신식교육을 받은 많은 남성들은 학교를 다니지 못한 자신의 아내를 '동등'하게 대접하지 않았다. 여성은 이러한 실상을 "무지무식 신사인사 남녀동등 자유 말은 / 제 입으로 하면서도 여자하세(女子下勢) 더하더라 / 상경여빈(相敬如賓) 그 시대는 존중한

게 여자로다 / 내조로서 착한 사람 허다하다 하건마는 / 동등이라 말만하지 내조를 뉘가 듣나 / 안색만 취하다가 제 비위만 맞추면서 / 현우가부(賢偶佳婦) 부지(不知)하니 지인지감(知人知鑑) 어디 있나"(〈생조감구가〉, 한국문화연구원, 1970 : 416~417)라며 비난하였다.

그러나 시골색시의 이러한 처지가 계몽지식인들 눈에는 전혀 다른 모습으로 비친다. 그들은 신학문을 배운 남성과 기존의 유교적 여성상에 안주하는 여성이 부부가 되는 것을 '봉황'과 '닭'의 만남으로 비유하면서 동시에 이러한 부부관계는 결국 '파경'을 초래할 수밖에 없다고 말한다. 즉, "일가(一家)의 화평을 보존하기" 위한 전제조건으로서 신랑과 신부는 그 교육 정도가 같아야 한다는 것이다. "여자의 불학무식함으로써 남자의 애정을 잃은 후에 비 오는 밤과 서리 오는 새벽에 푸른 사미에 찬 눈물로 무정히 세월을 보내는 것"이라고 말하는 다음 글의 한 구절이 바로 '시골색시'의 처지를 대변한다.

대저 아내라 하는 것은 내 몸을 짝하는 것인즉 그 품행과 학식과 재능이 나와 같은 자를 구하는 것은 인정에 당연한 일이라. 만일 남자가 신세계의 신학문을 졸업한 당당한 일표 인물이요, 그 부인되는 여자가 전세상에 구학문으로 다만 빨래하고 다듬이하고 물 긷고 밥 짓고 바느질하는 일에만 졸업하였거나 (…중략…) 소위 가정학문이나 사회지식이 무엇인지 알지 못하여 (…중략…) 당연이 알 일을 하나도 알지 못할 지경이면 그 남편 된 자에게 영생 유감과 백년 원수를 면치 못할 터이니 어찌 일가의 화평을 보전하리오. 그러한즉 남자의 애정기 자연 타인에게 옮을 것이니 연즉 연소한 부인의 처량감개한 정회가 전두에 무궁함을 깨달을지니 이는 봉과 닭이 서로 짝을 지을 수 없는 이치라.
—〈부인사회에서 잠깐 생각할 일〉, 『제국신문』, 1906.11.16

　딸을 둔 어머니에게 그 딸의 교육의 필요성을 강조하고 있는 이 글에서 필자는 신학문을 배운 남편을 “일표 인물”이라 일컬으면서, 그런 남편에게 ‘무학’의 아내는 “백년 원수”나 다름없다고 말한다. 즉 아내의 ‘불학무식’이 남편의 애정을 잃게 하는 결정적인 ‘결함’이라는 것이다. 신교육을 받고 이와 같은 계몽의 잣대를 당연한 것으로 수용하고 있던 남편의 입장에서 볼 때, 아무리 조강지처라 할지라도 ‘대화’가 되지 않는 ‘무학’의 색시는 곧 자신의 아내가 될 자격이 없는 여성이었다. 이렇듯 계몽지식인들은 교육의 정도가 다른 부부관계의 ‘불화’를 오직 배우지 못한 ‘아내’의 탓으로 돌렸다.

　이와 달리 적지 않은 규방가사에서는 여성이 진정한 ‘아내’의 자리를 찾으려는 열망을 읽을 수 있다. 이러한 여성의 목소리는 ‘아내’로서의 여성 정체성 정립의 꿈을 담고 있다. ‘아내’로서의 여성의 욕구는 종종 계몽지식인들이 말하는 ‘남녀동권’을 기반으로 목소리를 높일 수 있었다. 문명한 시대에 걸맞은 문명한 ‘규율’인 ‘남녀동권’은 확실히 여성에게 많은 힘을 실어주었다. 〈상장가〉는 이를 유추할 수 있는 자료 중 하나이다.

> 여필종부 하옵기로 내역시 개명하오
> 의상은 흑색이요 공부는 신학서라
> 신학서에 이른말이 남녀동권 질징하니
> 반가울사 그말이야
> (…중략…)
> 오늘날 새법으로 남녀동권 좋을시고
> 개명발달 한다면서

(…중략…)

나의사정 모르실가 알면서 안오시니
무슨곡절 알수없소 아마도 안동읍은
색향으로 일렀으니 화류계에 정을부쳐
가무에 혼착한가 만약에 그러하면
안동읍 구재판에 작정대로 하오리다
재판을 아니하면 개며느리 되오리다
재판이 가당하오 분중에 나온말을
갈지말고 들으시고 새해가 박두하니
편안이 과세하오

—〈상장가〉, 권영철, 1985 : 486~487

시적 화자는 열강의 학문인 '신학서'에 쓰인 '남녀동권'을 곧 아내로서의 자신의 권리를 지탱하는 버팀목으로 여긴다. 남편에게 보내는 편지 형식을 취하고 있는 〈상장가〉에서 아내는 남편에 대한 그리움을 노골적으로 표현함과 동시에 '아내'로서의 권리를 당당히 말하고 있다. 만약 남편이 화류계에 정을 붙여 돌아오지 않는다면 "안동읍 구재판"의 힘을 빌어서라도 자신의 "작정대로" 하겠다는 말에서 '투기엄금'이란 규범과 거리가 먼 여성의 모습을 읽을 수 있다.

"원통하다 여자신세 / 한이 되어 남편에게 사랑 한번 못 받고서 / 살아서 무엇 하나 사랑줘어 차세상의 / 사람 노릇 못해 보고 살면 오죽 길이 있나 / 여차하면 원망일다 나를 어서 데려다가 / 평화를 안겨주어"(〈사겨울〉, 권영철, 1985 : 482)라는 직설적인 표현에서 볼 수 있는 남편에 대한 사랑의 갈구는 곧 '아내'의 자리에서 삶을 영위하고자 하는 여성의 욕구를 반영한다. 화자는 여성으로서 남편의 사랑을 받는 것을 '사람노릇'의 근간이라 말한다. 또한 일제강점기 일본에 가 있는 남편을 그리워하면서 공규(空閨)의 탄식을 쏟아내고 있는 〈추천 이별가〉에서도 화자인 '아내'는 남편의 부재로 인한 자신의 삶을 "울지 못한 닭"으로 비유하면서 자신의 '팔자'를 동정하고 있다(권영철, 1985 : 57~58).

이렇듯 규방가사에서 볼 수 있는 여성의 모습은 "아들이 자기의 처가 마음에 마땅할지라도 부모가 기뻐하지 않으면 내보내야 하고, 자식이 자기의 처가 못마땅하게 여겨지더라도 부모가 '이 아이는 나를 잘 섬긴다' 하고 말씀하신다면 아들은 부부의 예를 행하여 몸을 바쳐 집안이 기울어지지 않도록 한다"(『내훈』, 1986 : 53)라며 부부관계를 강조하는 모습과 사뭇 달랐다. 즉 여성이 '아내'로서의 정체성을 확립하는 과정에서 요구한 것은 새로운 부부관계, 즉 과거의 '의'와 '예'가 아니라 '애정'에 기초한 부부관계였다. 이렇듯 여성들이 그들만의 공간에서 '사랑' 받는 아내로서의 욕구를 표현하고, 이러한 '아내'의 감정을 공유하였다는 것은 주목할 만한 변화라 할 수 있다. 이것은 '며느리'로서의 정체성에 길들여져 있던 여성들이 '아내'로서의 정체성을 확립하기 시작하는 맹아(萌芽)로 볼 수 있다. 여성이 자신의 내면의 욕구를 경청하기 시작하였고, 더 나아가 이것을 외부에 '표현'하고, 남편에게 요구하기 시작하였다는 것은 커다란 변화가 아닐 수 없다. 〈상장가〉의 '아내'는 물론이고 '시골색시'에게서도 자신의 감정에 솔직한 모습을 찾아 볼 수 있다. 〈상장가〉의 '아내'는 남편의 외도에 '재판권'으로 대응하겠다고 하였고, '시골색시' 역시 죽든 살든 님을 한 번 만나 최후의 하소연을 해야겠다(권영철 외 6인, 1979 : 117)고 다짐하는 것이다. 이러한 여성의 모습에서는 '고법'이란 규범에 얽매어 자신의 내면 욕구를 누르고 있는 과거의 여성을 찾아보기 어렵다.

이처럼 '아내'로서의 삶을 요구하는 여성의 목소리는 '여성'에 대한 계몽의 시각과 커다란 차이를 보인다. 앞서 살펴본 〈시골색시 설운타령〉에서 남편의 사랑을 갈구하는 색시의 모습은 계몽지식인들이 강조하였던 '공부'하는 남편을 '내조'하는 이상적인 여성의 모습과 썩 다르다. 계몽적 논조를 놓치지 않고 있던 신소설 『치악산』에서 이씨부인은 남편이 가정일보다는 사회인으로서의 역할에 충실할 수 있도록 하여, '사업'이나 '신학문'에 몰입할 수 있도록 하는 것이 바람직한 아내의 내조라고 말한다. 그러면서 이씨부인은 가정이 아닌 사회와 관계된 큰 뜻을 품는 것이 대장부의 일이라는 전제 아래, 남편에게 처자(妻子)나 집안의 소소한 일에 대해 관심을 끊고, 사회와 국가의 유익한 '사업'에 몰두하라고 권한다(『치악산』, 『한국신소설전집』 1권 : 278~279). 즉 이 시기의 아내에게는 국권회복의 커다란 임무를 수행해야 하는 남편을 내조하여야 한다는 새로운 임무가 부여된 것이다. 또한 계몽지식인들이 '화락한 부부관계'의 중요성을 강조했다 할지라도 그것은 궁극적으로 국가의 '경쟁력'을 도모하기 위한 일종의 방편이었다.

그러나 규방가사에서 '아내'의 자리를 갈구하고 있는 많은 여성들에게 남편과 자신을 묶는 '부부'라는 관계는 그 무엇을 위한 수단이 아니었다. 여성에게 '부부'는 계몽의 담론이 주창했던 것보다 상위에 위치하고 있는 '가정' 혹은 '국가'의 안녕을 도모하기 위한 '도구'가 아님은 물론이고, 전통적인 부부윤리에서 강조되었던 가문을 위한 가계계승자를 생산하는 관계만을 의미하는 것도 아니었다. 여성은 남편과의 '사랑'의 관계를 지향하고 있었다. 그녀들은 '사랑'을 바탕으로 한 부부관계를 갈망했던 것이다.

3) 사회인으로서의 삶

근대계몽기 격변의 시대 상황은 전통적인 유교적 여성관을 뒤흔들었고, 이러한 윤리적 터전 위에서 삶을 영위했던 대다수 여성의 윤리의식에 변화를 가져왔다. 여성은 사회의 곳곳에서 일어나는 사건을 적극적으로 비판하고 나섰다. 여성의 삶의 물리적 공간이 규방 혹은 집안에 머물러 있다 할지라도 이들의 의식은 집밖으로 향하고 있었다. 여성은 신문과 같은 공적 기관에 자신의 생각을 투고하였으며, '탈지환(脫指環)' 운동이나 '패물폐지회' 등 국채보상운동에 적극 참여하면서 '나라'를 걱정하기도 했다.

규방가사 역시 여성이 스스로를 사회구성원의 하나로 인식하기 시작하였음을 잘 보여 준다. 구국을 향한 여성의 열정은 규방가사 곳곳에서 드러난다. 이제 규방가사는 여성으로서의 자신의 신변에 대한 탄식만을 쏟아내는 장을 넘어서, 사회적 상황에 대한 비판과 새로운 발전 방향을 모색한다.

일제 식민정책의 지배에 대한 거부의 일환으로 만주 서간도로 떠나기에 앞서 지어진 <눈물 뿌려 이별사>에서 화자인 김씨부인은 망국의 비운을 절절하게 노래하고 있다. 이 노래는 조선시대 전통적 인간윤리와 생활의식을 이어받은 여성이 새로운 시대사조와 격변하는 사회여건 속에서 그 현실을 어떻게 인식·비판·수용하는가를 잘 보여주는 예이다(박요순, 1984 : 301~306). 이제 여성들은 "아무리 여자라도 우물에 개구리로 / 널리 몰라 되올손가"(<생조감구가> 한국문화연구원, 1970 : 417)라며 목소리를 높인다. 나아가 "국가부터 병이 드니 백성인들 무사할까 / 인의예지 좋은 법은 선천으로 날아가고 / 군신유의 부자유친 다 팔아 논밭사고 / 형우제공 친척화목 다팔아 돈만드니 / 이러고 어이살아"(<눈물 뿌려 이별사>, 박요순 1984 : 305)라며 사회의 만성적인 부정부패를 질타하는데, 이는 "불사이군 모르고서 인의예지 좋은 성질 / 친일파 의기양양 세계 각국 정치 자랑 / 매관매직 사기하고 각색 세금 받아 올려 / 백성피를 다 훑어서 말라죽게 하는 요술"(<생조감구가>, 한국문화연구원, 1970 : 415)이라는 사회 비판과 그 맥락을 같이 하고 있다.

이처럼 규방가사에는 사회적 분자로서의 여성 정체성이 잘 드러나 있다. 사회적 흐름에 관심을 가지고 그것에 대하여 비판을 가하는 여성의 모습은 스스로를 사회적 주체로 여기고 있음을 반증한다. 그럼에도 불구하고 대다수 여성들의 사유는 남녀유별의 전통적 인식틀 안에서 작동하였기 때문에 이런 배치 아래 생산된 정체성은 수동적인 속성을 떨쳐버릴 수 없었다.

우리들 분한마음 우뚝우뚝 분한마음

범증에 옥결인듯 충천한 이내의기
항장에 칼날같이 쓸곳이 전혀없다
불초한 우리형제 어찌타 여자되어
철천지한 맺혔는고 우리몸 죽고죽어
의목총명 남자되어 출장입상 현양하여
자득독립 세계를 통솔하여 우리나라 회복하여
예의문명 삼강오륜 다시밝혀 이한을 씻으리라
시운을 기다리고 몇천년 유래고풍 차마탈퇴 못할세라
후생을 기약하고 여한을 순수하리
—〈생조감구가〉, 한국문화연구원, 1970 : 413

친일파들에 의해 조선이 일본과 합병이 되고 많은 의병들이 이에 항거하는 모습은 여성의 의기심에 불을 붙이기에 충분했다. 그러나 "후생에 남성으로 태어나서 지금의 한을 씻겠다"는 진술에서 볼 수 있듯이, 이들의 사유는 남녀유별의 여성관을 넘어서지 못하고 있다. 이것은 당대 대부분의 여성들의 사유방식을 대표한다 해도 지나친 말은 아닐 것이다. 상당수의 규방가사에서 여성화자는 조상 대대로 몇 천 년에 걸쳐 내려온 고풍을 "차마 탈퇴 못 하겠다"고 말한다. 왜냐하면 여성에게 고법(古法)에서 말하는 여자유행(女子有行)은 남존여비적 일상을 초래한 '원흉'이기도 했지만, 동시에 '사람'이 무엇인지를 알려주는 '지침서'이기도 했기 때문이다. 여성은 고법에서 말하는 '여자유행'을 버릴 수도 없었을뿐더러 그대로 따를 수는 더더욱 없는 이중구속의 상황에 처하게 된다. 이러한 상황에서 여성은 '고법'의 재해석을 통하여 순종과 복종의 태도를 버리고 당당한 주체로서 새로운 해결책을 모색하고자 했다.

당당한 사회적 분자로 서기를 주창했던 윤희순의 '의병가사'에서 우리는 '고법'에 대한 새로운 해석을 찾아볼 수 있다. 윤희순은 "아무리 여자인들 나라사랑 모를소냐 / 아무리 남녀가 분별한들 나라 없이 / 소용 있나 / 우리도 나가 의병 하러 나가보세 / 의병대를 도와주세"〈안사람의병가〉, 정재호, 1982 : 94)라고 하면서, 아무리 여성이라 할지라도 나라 사랑을 모를 리 없고, 나라 사랑을 위한 실천을 외면할 수 없다고 힘주어 말한다. 의병을 돕자고 말하는 그녀의 목소리는 '남녀유별'의 윤리의식을 적극적으로 끌어안고 있는 동시에 그 안에서 전과 다른 모습의 새로운 역할을 재구성하고 있으며, 이는 사회적 분자로서의 여성의 위치를 보여주는 극점이라 할 수 있다. 한편 "나라 없이 살 수 없네 나라 살려 살아보세 / 임금 없이 살 수 없네 임금 살려 살아보세 / 조상 없이 살 수 없네 조상 살려 살아보세 / 살 수 없다 한탄 말고 나라 찾아 살아보세"라고 하면서 나라와 임금과 조상을 위하여 왜놈을 잡자고 외치는 그녀의 〈의병군가〉(정재호, 1982 : 96)에서는 '구국'에 대한 뜨거운 열정을 읽을 수 있다. 이러한 주장은 계몽지식인들의 주장과 일치한다. 특히 조선이 곧 '내 집'이라는 그녀의 주장은 계몽지식인들의 그것과 조금도 다르지 않다. 계몽지식인들 역시 이러한 논리를 적극 포용하면서 나라사랑을 호소하고 있다.

특히 1896년 11월 19일에 쓰인 〈방어장〉에서 윤희순은 '청년'에게 나라사랑을 호소한다. 이 노래는 계몽지식인들의 열혈적(熱血的)인 호소에 결코 뒤지지 않는다.

나도나가 의병을하여 나라찾고 분을푸세

한번 죽더라도 떳떳하게 죽어보세

조선의기 청년들아 빨리나와 의병하여보세

아낙네도 나와의병을 도우는데 하물며 우리청년들이

나라를 잃고 가만히 있을소냐

너도 나가고 나도 나가자

나라없이 살수있나 죽더라도 나가보세

—〈방어장〉, 정재호, 1982 : 95

이처럼 윤희순은 같은 민족인 '관군'과 '의병'이 싸워야 하는 현실을 "애달도다 애달도다 형제간에 싸움이요 / 부자간에 싸움이로다"(〈애달픈 노래〉, 정재호, 1982 : 94)라고 하면서 조선 백성의 '어리석음'을 개탄하고, 청년에게는 구국의 분자로서의 역할을 다할 것을, 여성에게는 '힘'의 결집을 호소하고 있다. 청년과 여성에게 나라사랑의 적극적 실천을 권고하는 그녀의 행동은 사회적 분자로서의 정체성이 있었기에 가능한 것이었다. 특히 윤희순은 〈왜놈 대장 보거라〉, 〈오랑캐들아 경고한다〉, 〈왜놈 앞잡이들아〉, 〈금수들아 받아 보거라〉, 〈병정노래〉 등의 규방가사에서 '조선 선비의 아내 윤희순'의 이름으로 일본과 친일파를 준엄하게 꾸짖고 있다. '조선의 선비'라는 표현에는 조선인으로서의 그녀의 자긍심이 담겨 있다. 그녀는 '윤희순'이란 이름으로 선비의 아내임을 자처한다. 이것은 매우 의미 있는 변화라 할 수 있다. 그녀는 '선비의 아내'라는 지위에만 함몰되어 있지 않았다. 그녀는 '윤희순'이란 이름을 가지고 자신의 주장을 펼친 것이다.

　계몽지식인들은 여성을 '국민'으로 만들고자 하는 거대한 기획 아래에서 일련의 계몽적 활동을 전개하였다. 그것은 사회라는 공적 영역에 여성의 출입을 허락하는 것이었고, 이 출입증은 기존의 여성관을 전복할 만큼 위력적이었다. 그러나 계몽담론은 일련의 목적을 가지고 그 출입증을 여성에게 제시하고 있었기에 그것은 엄밀히 말해 여성을 '견인'하는 것이었다고 해야 옳을 것이다. 여성은 주체가 될 수 없었다. 그러나 규방가사는, 비록 전통적인 여성관이 제시하는 인식틀에 대한 날카로운 비판이나 능동적인 저항을 보여주지는 못했다 하더라도, 주체적으로 공적 영역에 개입하고자 하는 여성의 모습을 여실하게 표현하고 있다.

5. 에필로그―딸·아내, 그리고 사람―되기

　한국사에서 근대계몽기는 최초로 '전통'과 '서구'가 다양한 도습으로 혼거(混居)하고 있는 역동의 공간이다. 대다수의 당대 지식인들이 '개화'를 위한 계몽담론을 적극적으로 펼치는 가운데, 조선 안에서 새로운 '인식틀'이 생성되었다. 여성들만의 공간인 '규방' 역시 계몽의 무풍지대가 될 수 없었는데, 여성에 의해 창작·향유된 규방가사를 통해서 이를 확인할 수 있다.
　규방가사에서 여성이 말하는 여성의 삶은 계몽지식인들이 그토록 강조해 마지않았던 '국민된 분자'로서의 여성, 혹은 어머니로서의 여성과는 상당한 거리가 있었고, 고법(古法)에서 말하는 '여자유행'의 '여성'의 삶과도 다른 것이었다. 신학문의 세례를 받지 못한 대다수의 여성은 자신의 몸과 의식, 그리고 자신을 둘러싼 일상의 곳곳에 깊숙이 각인되어 있던 '옛법'을 대체할 수 있는 윤리적 척도를 찾기보다는 자신이 서 있는 윤리적 공간인 유교적 여성관을 한 차원 높은 것으로 승화시킴으로써 '사람－되기'를 실현하고자 하였다. 그러나 이러한 상황에서 '고법'은 상당 부분 설득력을 상실하게 되는데, 이것은 '고법'의 가르침대로 살아야 한다는 다짐과 함께 쏟아지는 고법에 대한 여성의 원망에서 확인할 수 있다.

또한 '사람'으로서의 여성은 바로 그 '사람됨' 안에 여성으로서의 새로운 욕구를 담기 시작했다. 여성은 자신의 삶 안에 공적 영역을 끌어들였다. 여성은 나라와 사회를 걱정하면서 이를 위한 구체적인 활동을 모색함으로써 금수가 아닌 사람의 도리를 다하고자 하였다. 그러나 무엇보다도 주목해야 할 것은 당대 '여성'들이 '딸'과 '아내'의 삶을 말하고 있었다는 점이다. 딸로서의 여성, 아내로서의 여성은 흔히 '고법'에서 말하는 여성의 삶과는 다른 것이었다. 전통적인 여성관에 입각하여 볼 때 '며느리'라는 지위에 비하여 '딸' 혹은 '아내'라는 지위는 보잘 것이 없었다. 뿐만 아니라 자신의 친부모에게 효행을 바칠 수 있는 '딸'로서의 삶, 그리고 '사랑'을 원하는 아내로서의 삶은 여성의 출가외인, 칠거지악 등의 규범과는 상당한 거리가 있는 것이었다. 하지만 당대 여성은 태어나서 처음으로 맺게 된 '부모'

와의 관계에서 시작되는 '딸'로서의 삶, 남편과의 관계에서 '사랑'과 '정'을 말하는 '아내'로서의 삶을 갈구하였고, 이런 여성의 모습에서 규범적 인간이 아닌, 자연인으로서의 인간적 삶을 갈망하는 여성의 욕구를 읽을 수 있다.

이러한 여성의 모습은 계몽지식인들이 말하는 '여성'의 모습과 상당히 달랐다. 계몽지식인들은 '국가'라는 틀 안에서 계몽의 당위성을 전개하고 있었기 때문에, 여성에 대해서도 국민의 일원이 될 수 있는 일련의 요구사항을 제시하기에 여념이 없었다. 그들은 철저하게 '국가'를 규준으로 하여 '여성'을 '국가의 경쟁력'을 도모할 수 있는 자원으로 생각하였다. 이 당시 '여성'은 중요한 쟁점 중 하나였다. 계몽주의자들은 가정과 사회에서 여성이 처한 열악한 지위를 맹렬히 비판하면서 여성의 일상을 개선하기 위하여 노력하였다. 그러나 이들의 논의는 '여성'에 대한 이해를 결여하고 있었다. 그것은 규방가사에서 그토록 많은 여성이 원망해 마지않았던 '원부모이형제'의 여자유행에 대한 언급을 전혀 찾아볼 수 없다는 것에서 단적으로 드러난다. 반면 여성의 일상에 대한 '여성'의 시각은 달랐다. 남존여비적 일상에 대한 여성의 비판은 그들의 삶을 바탕으로 하고 있었다. 여성은 한 인간으로서의 삶을 규율하는 유교적 여성윤리 특히 '원부모여자유행'을 원망하면서도 '사람됨'의 모습을 '딸'과 '아내'의 삶에서 찾고자 하였다.

100여 년 전 조선 땅을 들끓게 했던 계몽의 목소리에 힘입어 지금 현재 여성의 교육은 일상적인 것이 되었고, 노골적인 남존여비적 차별은 사라졌다. 그러나 지금도 변함없이 남존여비의 잣대는 힘을 잃지 않고 있으며, 이에 대한 여성의 문제제기는 끊임없이 계속되고 있다. "난 페미니즘이 뭔지, 여권이 뭔지 잘 모른다. (…중략…) 그러나 분명히 아는 건 있다. 내가 여자라는 이유로 포기한 게 많다는 것, 감내할 것이 많다는 것"(『여성신문』, 2001.6.2)이라고 말하는 여성의 목소리가 지금까지 계속되는 것은 계몽의 시선에 그리고 근대계몽기 이후 계속되었던 위로부터의 '개혁'의 시선에 '여성'에 대한 이해, '여성'의 관점이 없었기 때문은 아닐까. 남존여비적 일상의 타파를 부르짖었던 지금까지의 수많은 논의들이 오히려 남녀를 차별하는 일상을 조장하고 있었던 것은 아닐까.

제7장 청년의 탄생과 부모자녀 관계의 변화

1. 청년의 탄생

니시카와 나가오(2002)는 대부분의 근대국가는 국민화=문명화의 과정을 거쳐 국민국가를 건설한다고 하면서 이것을 ① 공간의 국민화, ② 시간의 국민화, ③ 습속의 국민화, ④ 신체의 국민화, ⑤ 언어와 사고의 국민화라는 요소로 설명하고 있다. 이러한 측면에서 볼 때 근대계몽기는 조선이 대한제국을 거쳐 대한민국이란 국민국가를 형성하는 데 있어 대단히 의미 있는 공간이다. 무엇보다 근대계몽기는 국민화=문명화의 과정을 밟아가면서 국민(nation)의 탄생을 모색하고 있기 때문이다.

그렇다면 우리의 경우 영토가 국토가 되고, 백성이 국민이 되며, 국어가 탄생하는 시발점인 근대계몽기에 '국민'은 구체적으로 어떤 모습이었을까. '청년'에 주목하는 것은 이러한 의문 때문이다.

근대계몽기 '국가'에 대한 열정이 만들어 낸 개념어가 바로 '청년'이었다. '청년'은 당대 조선의 대내적 과제였던 부국강병, 대외적 과제였던 자주독립을 달성하기 위하여 만들어진 개념어였다. '청년'은 국가를 위한 도구이자 사회적 '공물(公物)'로 인식되었다. 공물로서의 청년은 '국민'의 역할을 잘 드러내고 있었을 뿐 아니라, 청년의 개념을 낳은 새로운 인식틀을 가족과 사회에 전달하였다. 당시 근대국가를 수립할 수 있는 제도와 시스템의 부재로 인하여 국민정신이나 국가정신 등이 강조될 수밖에 없었으며, 이러한 상황에서 계몽지식인들은 국가주의로 무장한 청년을 통해 국민이라는 이미지를 현현하고자 했다. 다시 말해 계몽지식인들은 미개에서 문명으로의 발전이라는 척도를 가지고 젊은이를 청년으로 문명화하려 하였으며, 이러한 청년은 당대 바람직한 조선인의 삶을 대표하는 하나의 표상이었다. 늙음이 아닌 젊음, 고요함이 아닌 움직임, 나태가 아닌 근면함 등으로 이미지화된 청년의 모습에서 계몽지식인들이 구상한 근대 국민국가의 모습을 확인할 수 있다. 요컨대 계몽담론에 의해 창안된 '청년'은 전형적인 '국민'의 모습을 하고 있다.

서구의 신사상, 국가에 대한 뜨거운 애국심으로 무장한 '청년'이 개념으로 정립되고, 가족과 사회에서 이 '청년-되기'를 실천하는 제 양상은 유교적 가족질서에 의하여 가족 내 가장 중요한 관계축으로 설정되었던 부모자녀관계에 지대한 영향을 미쳤다. 계몽담론이 주조했던 청년과, 그 청년—되기의 실천은 이전과는 전혀 다른 '자녀—되기'를 요청했고, 그것은 기존의 유교적 질서의 가장 중추적 핵심이라 할 수 있는 '효'의 재구성을 불가피하게 했다. 결국 청년—되기의 실천은 새로운 '부모—되기'의 실천을 요구하였으며, 이러한 부모—되기의 실천이 어려울 경우, '청년'은 부모자녀간 갈등의 진원지가 되었다.

여기에서는 근대계몽기에 논의된 청년담론의 실상을 제시함으로써 계몽담론에 의해 이미지화된 청년상을 구체적으로 드러내고, 이러한 청년의 탄생이 부모자녀관계에 미친 영향을 살펴보고자 한다. 하나씩 살펴보겠지만, '청년'이라는 개념이 탄생하면서 '가족의 자녀'는 '청년' 또는 '소년'이 되어야 했다. 그리고 새롭게 등장한 청년은 필연적으로 부모자녀관계의 변화를 가져올 수밖에 없었다.

2. 청년론의 수준

1) 청년이라는 표상

『대한매일신보』를 중심으로 하여 볼 때 '청년'에 대한 논의는 두 가지로 요약할 수 있다. 첫째, '청년이란 무엇인가'에 대한 답으로, 이상적인 청년상을 구체화하는 작업을 통해 청년의 개념을 정립하는 것이다. 이는 바람직한 혹은 바람직하지 못한 청년의 모습을 세세하게 드러냄으로써 당대 사람들의 인식의 전환을 요구했다. 둘째, '청년은 어떤 의미를 갖는가'라는 문제이다. 이것은 청년에 대한 당위성을 부여하는 논리적 근거라 할 수 있는데, 계몽지식인들은 열강의 이권침탈의 각축장으로 전락한 조선에서 청년이 어떤 역할을 수행해야 하는가를 줄기차게 피력했다. 그들의 논의를 면밀하게 고찰함으로써 우리는 계몽의 주체들이 '청년'을 통하여 궁극적으로 구현하고자 한 사회 변혁의 내용을 읽을 수 있다. 청년을 개념화하고 이러한 청년의 의미를 강조하고 있는 글들은 한결같이 새로운 청년의 이미지를 생산하는 데 주력한다. 이것은 전과 다른 의미와 개념을 확보하면서 청년상을 확립하는 과정으로 계몽의 주체들은 기회가 있을 때마다 '청년'을 호명하였다. '청년'은 궁극적으로 청년을 둘러싼 인식체계의 확산을 도모하고자 한 것이었기 때문에 이는 모든 사람에게 '문명'과 '서구' 그리고 '국민'을 인식하게 하는 중요한 개념이라 할 수 있다.

이제 근대계몽기 '청년'을 둘러싼 논의를 살펴보기로 하자. 그 과정에서 우리는 계몽지식인들이 그리고자 했던 청년의 표상과 이를 지탱하고 있는 인식의 지평을 만날 수 있을 것이다. 첫 발어문을 제외하고 나머지 전체 연이 "청년들아 청년들아"로 시작하여 "새 정신을 깨여보세"로 끝나는 『대한매일신보』의 한 시가는 청년의 의미와 역할 등을 상세하게 설명함으로써 '청년이란 무엇인가'라는 물음에 답을 제시하고 있다.

시세형편 살펴보니 보국할이 누구런가
청년자제 어깨위에 메인직책 중대하다

청년들아 청년들아 이강토에 생장하여
국민의무 없을손가 국세점점 미약하나
강장력을 양성하면 붙들방책 자재하니
새정신을 깨여보세

청년들아 청년들아 고루거각 넘어질제
한나무로 고일손가 교육상에 열심하여
애국사상 감발하면 단체력이 자연되니
새정신을 깨여보세

청년들아 청년들아 급한물결 막는것은
굳은방축 이아닌가 동서상응 힘을써서
일심으로 진보하면 실지사업 비난하니
새정신을 깨여보세

청년들아 청년들아 외국제도 의방하여
신학문을 주의하고 열강풍기 숙습(熟習)하여
환골탈태 하고보면 개명인종 일반되니
새정신을 깨여보세

청년들아 청년들아 이판국이 위급한데
믿을곳이 어디있나 밤낮으로 근고하여
제세경륜 연구하면 영웅호걸 씨있스랴
새정신을 깨여보세

청년들아 청년들아 무정세월 여류한데
일각인들 허송할까 유의유식 하던구습

다버리고 근간(勤懇)하면 부강국이 절로되니
새정신을 깨여보세

청년들아 청년들아 반도강산 삼천리가
흑암시대 되었구나 어둔길에 불을들고
밝게인도 누가할고 각학도가 이아닌가
새정신을 깨여보세

청년들아 청년들아 앞에길이 만리같고
희망할일 허다하다 잠시라도 나태(懶怠)말고
부지런히 공부하야 장부뜻을 이루나니
새정신을 깨여보세

청년들아 청년들아 꽃과같이 반만피고
달과같이 초생이라 자강력을 잃지말고
우리동포 구제하면 제일능사 될터이니
새정신을 깨여보세

—〈시사평론〉,『대한매일신보』, 1908.7.18.

위 시가의 시작 부분에는 계몽지식인들이 '청년'을 주조하고
자 한 이유가 집약되어 있다. 계몽지식인들은 청년의 어깨 위에
'국가'를 얹고자 하였다. 청년을 국가의 희망으로 본 그들은 이
상적인 청년의 모습을 만들고자 한 것이다. 청년은 "신체가 건
강하고 마음이 용감한 국민이 되어 쇠패한 국가의 운수를 붙들
어 돌아오게 하고 암매한 민족의 전도를 열어줄 자"(『대한매일신
보』, 1908.11.12)였다. "청년은 구국의 동량(棟梁)이다"라는 주장은
청년과 관련된 글들의 핵심적인 명제였다. "국가 홍망을 담임(擔

任)"(『대한매일신보』, 1909.2.14)하는 청년은 "사천년 단군 역사의 영광을 세계에 선양(宣揚)할 자"이며, "하늘에 닿는 홍수에 빠진 이천만 동포를 자유계로 인도할 자"였다(『대한매일신보』, 1908.10.28). 청년은 "동해 풍파" 속에 떠내려가는 "우리 강산"을 붙들어 회복시킬 수 있는 자(『대한매일신보』, 1909.12.5)였기에, "몸을 버려" "국가에 대한 의무"를 다해야 했다(『대한매일신보』, 1909.9.30). 청년의 능력은 곧 '국력'이었던 것이다. 조선의 상황이 점점 미약해진다 할지라도, 청년의 "강장력(强壯力)"이 양성된다면 무너지는 조선을 일으킬 수 있다는 것이 청년론의 요체였다. 이런 청년은 밤낮으로 근고(勤苦)해야 했다. "영웅호걸의 씨"가 따로 있는 게 아니며, 밤낮으로 근고하면서 제세경륜(濟世經綸)을 연구하는 태도야말로 '영웅'의 미덕이었다. "일각도 허송하지 말라"고 하면서 청년의 활동을 독려하는 계몽의 주장은 조선이 당면한 위기감에서 기인한 것이다. 지식인들은 "주마같이 빠른 광음"을 허비할 틈이 없다고, "청년들아 놀지 말"라고 끊임없이 외친다(『대한매일신보』, 1910.1.5). "일심으로 단합"된 청년의 힘은 "흑암 천지"가 된 조선을 구제할 수 있을 것이며, 청년은 비스마르크와 워싱턴 같은 영웅을 모범 삼아 위급한 나라를 구하는 방도를 모색해야 한다. 그런즉 "물 흐르듯" 하는 세월 속에서 청년은 곧 무용한 늙은이가 될 터이니 더욱 분발하고 활동해야 한다는 것이다(『대한매일신보』, 1909.9.23).

그런데 청년의 힘이 아무리 강대하다 할지라도 '국가'를 향하고 있지 않다면 그것은 무의미하다. 필요한 것은 분산된 개인의 힘이 아니라 '국가'에 열중하는 청년이라는 판단 아래 3연과 4

연에서는 청년의 ‘단체력＝단합’을 강조한다. 조선이라는 고루거각(高樓巨閣)이 넘어지는 지금의 상황을 타파할 수 있는 길은 오직 신교육으로 훈련받고, 애국심으로 무장한 “하나 된” 청년들의 힘에 있었다. 그러므로 청년을 논하는 글에서 ‘단체’와 ‘일심’을 중요한 덕목으로 제시하고 있는 것은 자연스러운 일이다. 청년은 조선을 넘보고 있는 “급한 물결”을 막을 수 있는 “굳은 방축”의 역할을 잘 수행하기 위해서 “하나”가 되어야 했다.

　그렇다면 이러한 청년의 능력은 어떻게 배양되는가. 청년은 조선의 낡은 구습을 버리고, 열강의 외국제도를 의방(依倣)하고, 신학문을 통해 열강의 풍기(風氣)를 익힘으로써 환골탈태(換骨奪胎)해야 했다. 외국제도와 신학문은 조선의 젊은이가 서구의 개명한 인종과 일반(一般)인 ‘청년’으로 거듭날 수 있는 유일한 길이었다. 위 시가 8연과 9연에서도 나타나 있듯이, 이를 위해 시급히 서둘러야 하는 게 ‘신교육’이었다. 그리고 청년은 “잠시라도 나태하지 말고 부지런히 공부”해야 했다. 청년은 앞으로 동포를 구제할 수 있는 일을 수행하기 위하여 교육받아야 하는 미완결된 존재이지 만개한 꽃이 아니었으며, 둥근 보름달이 아니었다. 이러한 미숙한 청년은 민족의식과 국민의식을 길러내는 학교교육을 통해 ‘국민’으로 길러질 수 있다는 것이 청년론의 또다른 핵심이었다.

　이러한 청년의 모습은 ‘비청년’의 모습과 비교할 때 구체적으로 드러난다. 계몽지식인들은 비난받기에 충분한 ‘비청년’의 모습을 꾸준히 예시함으로써 청년의 역할을 거듭 강조한다. ‘청년’만큼이나 ‘비청년’의 발견이 중요한 것은 이를 통해 청년의 경지가 명확해지기 때문이다. 계몽의 무대에서 비청년은 청년을 더욱 '빛나게' 만드는 존재이다. 그렇다면 '비청년'이란 누구를 말하는가?

남의집의 청년들은 학문연구 열심컨만
그런일은 비웃으며 제부모의 모은재산
공것으로 알았던지 동원도리 화개야와
녹음방초 승화시면 동서분주 몰려나가
주색장에 판이나고

— 〈시사평론〉, 『대한매일신보』, 1909.5.8

시대적 사명을 외면한 채 신사상·신사업을 수용하지 못하고 세월을 허비하는 청년(『대한매일신보』, 1908.7.11), 머리에 피도 마르지 아니한 자식들이 귀중한 학교 모자를 쓰고도 장안 대로 위에서 궐련을 물고, 청루방이나 협률사를 들락거리는 청년(『대한매일신보』, 1908.7.24)은 앞서 살펴본 이상적인 청년의 모습과 선명한 대조를 이룬다.

『대한매일신보』는 '비청년'의 모습을 ① 교만함(학교의 임원과 교사, 그리고 어른에 대한 불경), ② 사치함(단발, 향수, 기름, 모사 두루마기, 양복, 양혜만 착용), ③ 방탕함(궐련, 술집 출입, 연회장 왕래)으로 요약한다(『대한매일신보』, 1908.10.28). 또한 여기에서는 청년에게 강요되고 있던 계몽의 규율을 읽을 수 있다. 청년을 둘러싼 이러한 미세한 규율은 개념으로 존재하는 청년상을 정신과 육체에 각인시키려는 작업이라 할 수 있다. 이것은 새로운 시대를 신체에 각인하는 것과 다를 바가 없었다. 다시 말해 근대계몽기 청년에 대한 높은 기대는 곧 청년에 대한 촘촘한 감시의 규율의 작성으로 이어졌다. 이와 같이 비청년은 '야만'의 모습을 뚜렷하게 드러내고 있다. 청년이지만 문명의 법칙에 따르지 않는 이들은 야만이었고, 오직 교육의 대상이자 계몽의 대상에 불과했다.

2) 청년, 학생, 소년, 그리고 영웅

『대한매일신보』에는 청년은 물론이고 '소년'과 '학생'에 관한 많은 글들이 실려 있다. 그런데 계몽담론의 지대한 관심 속에서 끊임없이 호명되었던 청년은, 소년·학생과 함께 구국의 동량으로 간주되었다는 점에서 하나의 범주로 묶을 수 있다. 여기에서는 학생과 소년에 대한 글들을 통해 청년론과의 공유영역을 확인해보고자 한다.

> ① 오호라 제씨여. 지금부터는 도덕성을 잘 양성하고 기술학을 정밀히 연구하면 다른 날 문명사회에 주인이 되어 제씨가 한번 손을 드는데 이천만인이 산악같이 신망하고 제씨가 한번 호령을 발하는데 이천만인이 하늘같이 믿으리니, 그런즉 오늘날 유지사의 정성과 힘을 다한 공효도 제씨가 이루는 것이 아닌가. 나는 제씨를 대하여 바라는 바 특별하고 사랑함도 특별함으로 일반 제인의 평론함을 듣고 차마 거저 있지 못하여 대강 설명하노니 제씨는 십분 살필지어다.
>
> ―〈우리나라 학생들이여〉, 『대한매일신보』, 1908.12.12

> ② 대저 소년이라 함은 어떤 사람을 일컬음인가. 그 팔이 이미 쇠한 자면 이를 소년이라 하지 못할 것이며, 그 정신이 이미 모손(耗損)한 자면 이

를 소년이라 일컫지 못할지니, 반드시 기력이 성대하고 정신이 강장하여
험한 것을 만나도 능히 피지 아니하며 난을 당하여도 능히 물리치고 한번
날고뛰매 천지가 빛을 동하며, 한번 소리를 지름에 일만 군사가 창을 하여
야 이에 가히 소년이라 일컬을지니, 가히 사랑할 만한 자도 소년이며 가히
두려울 자도 소년이라. 소년의 손과 팔은 이 나라 지경을 방비하는 장창
대검이며, 소년의 걸음은 이 험하고 막힌 것을 통하게 하는 기선과 화차이
며, 소년의 지키는 것은 이 중류의 특립한 돌기둥이며, 소년의 앞으로 나
아가는 것은 이 바야흐로 자라는 봄나무라. 전배의 청장(淸帳) 못한 구채
(舊債)를 마감할 자도 오직 우리 소년이니 가히 사랑홉다, 소년이여.
　　　　　　　—〈소년동지회에 고하는 말〉, 『대한매일신보』, 1908.8.7

　①은 학생에 관한 대표적인 글이다. 청년은 신교육을 포함한
서구 문물의 습득에 충실해야 했는데, 그것이 바로 학생의 삶이
다. 청년이 학교를 다니는 것은 '애국'을 실천하는 길이었다(『대
한매일신보』, 1908.9.1). 왜냐하면 청년의 중요한 사명 중 하나가 교
육을 받는 것이었기 때문이다(『대한매일신보』, 1908.4.28). 청년은 학
고에서 청년으로서 갖추어야 할 "영웅의 자격을 준비"해야 했
다. 즉 "국가에 이롭고 국민을 행복하게 만드는 데 가장 필요한
학문 배우기"를 목적으로 삼아야 했다. 이렇게 볼 때 당시 계몽
담론에서 청년과 학생이라는 기표가 동일한 기의를 가지고 사
용되었음을 알 수 있다.
　②는 소년이 어떤 사람을 일컫는지를 말하고 있다. 한번 뜀에
천지가 빛을 동하는 소년의 손과 팔은 조선을 방비하는 장창대
검이라는 주장에서 소년과 청년과 영웅은 하나가 된다. 무한한
가능성을 가지고 있는 "희망처"로서의 소년에게 중요한 것은
'뜻'과 '정신'이었다(『대한매일신보』, 1908.11.22). 장차 영국, 법국(프

랑스), 덕국(독일), 아라사국(러시아) 등 열강과 함께 "강함"을 다투어야 할 자인 대한의 소년은 "중대한 책임"을 자각해야 했다(『대한매일신보』, 1909.4.18). 따라서 "좀 먹은 책상에 먼지 앉은 책을 대하여 취한 잠을 깨치지 못한 소년", "기생의 집에나 술 저자에서 음탕한 노래나 부르며 강개한 눈물이나 흘리는 소년", "청풍명월에 시구(詩句)나 지어서 스스로 방탕한 소년", "세력 있는 집에 다니며 의뢰하기나 일삼는 소년", "재래상에 욕심이 도도한 소년", "산림 중에 꿇어 앉아 죽기나 기다리는 소년"(『대한매일신보』, 1908.8.7)은 '비청년'이 될 수밖에 없었다.

이처럼 학생, 소년, 청년은 매우 비슷한 기의를 가진 기표였다. 계몽담론에서 청년, 소년, 학생의 역할과 의미는 대동소이하다. 청년의 역할이 곧 소년의 역할이었으며, 소년에 대한 계몽주체들의 기대는 학생에 대한 기대와 다르지 않았다. 청년의 표상은 소년을 통해 다시 한번 반복되었고, 학생을 통해 더욱 구체화되었던 것이다.

또한 청년, 소년, 학생은 동시에 '영웅'이라는 주장 속에서 영웅이 청년의 또 다른 이웃항임을 알 수 있다. 계몽지식인들은 작금의 조선이 처한 위기는 노인이 아니라 청년이, 범인(凡人)이 아니라 영웅이 타개할 수 있다는 인식 아래, 영웅은 태어나는 것이 아니라 만들어지는 것이라고 하면서(『대한매일신보』, 1909.2.16) '영웅'을 강조한다.10)

---

10) 근대계몽기 영웅담론은 1910년이 가까워질수록 어떤 특정한 능력을 갖춘 사람이 영웅이라는 주장에서 "모든 사람이 영웅이 될 수 있다"는 논지로 바뀌고 있다. 『대한매일신보』에서 볼 수 있는 대표적인 영웅담론은 다음과 같다. 1907.

국민의 영웅이 있어야 종교가 국민의 종교가 되며, 국민의 영웅이 있어야 학문이 국민의 학문이 되며, 국민의 영웅이 있어야 사업이 국민의 사업이 되며, 국민의 영웅이 있어야 상업과 공장이 국민의 상업과 공장이 될 것이요, 종교와 학문과 사업과 상업과 공장 등이 국민의 자유로 된 연후에야 동국이 동국 사람의 동국이 될지니, 국민아 영웅아.
—〈이십세기 새 동국의 영웅〉,『대한매일신보』, 1909.8.20

조선이 처한 상황에 대한 위기의식은 영웅에 대한 뜨거운 열당을 낳았다. 이러한 영웅의 부재에 대한 계몽지식인들의 절절한 안타까움은 영웅을 만들고자 하는 열정으로 전환된다. 강대한 능력과 지도력을 겸비한 영웅에 의해 조선의 온 '백성'이 애극심으로 뭉친 '국민'으로 거듭나고, 이들의 응집된 힘으로 부극강병한 자주독립국 조선을 건설하자는 것이 계몽지식인들이 제시한 청사진이었다.

영웅은 '국가'를 위해 헌신해야 하는 존재였다. 영웅의 역할은 '충(忠)'으로 요약된다. 비범한 능력뿐만 아니라 "새 동국의 영웅"은 '공익'에 대한 뜨거운 열정을 가지고 있어야 했다. 즉

10.5. 〈한국이 희망하는 인물〉; 1907.10.3. 〈천하대세론〉; 1907.1.5 / 7. 〈영웅과 세계〉; 1908.3.18. 〈서호문답(속)〉; 1908.3.13. 〈매일신보 영웅론을 읽노라〉; 1908. 4.1. 〈기회는 가히 앉아서 기다리지 못할 일〉; 1908.8.9. 〈홍수의 세계〉; 1908. 8.18. 〈영웅을 조성하는 기세〉; 1908.9.15. 〈이름 없는 영웅〉; 1909.2.25 / 26. 〈한국에 제일 호걸대왕〉; 1909.3.7. 〈시사평론〉; 1909.3.19. 〈한국사회에 모범될 인물〉; 1909.4.9. 〈영웅이 나는 시대〉; 1909.4.13. 〈국민은 모범하시오〉; 1909.5.15. 〈다수한 무명씨의 소영웅을 구함〉; 1909.6.15. 〈한국사람의 숭배할 인물〉; 1909.7.31. 〈시사평론〉; 1909.8.7. 〈시사평론〉; 1909.8.17 / 18 / 19 / 20. 〈이십세기 새 동국의 영웅〉; 1909.10.15. 〈하필영웅〉; 1909.10.19. 〈사조〉; 1909.12.4. 〈주저마라〉; 1910.2. 26. 〈뜻 기럭아〉; 1910.3.5. 〈영웅 와셔〉; 1910.3.20. 〈영웅 찾아〉; 1910.4.9. 〈왜 못 이뤄〉; 1910.4.17. 〈시사평론〉.

국토를 집으로, 민족을 권속(眷屬)으로, 역사를 자신의 가족사로, 미래의 조선의 구성원을 자손으로 알면서 "국가의 위엄과 신령을 의지하여 동포의 생명을 위하여 앞길을 열어주는 자"가 바로 "새 동국"에 필요한 영웅"이었던 것이다(『대한매일신보』, 1909.8.17). 당시 계몽지식인들이 만들어내고자 했던 영웅상은 이들처럼 "공변된 이치"로 무장한 인물이었다(『대한매일신보』, 1909.3.19). 공변된 삶을 살아야 하는 소년, 학생, 영웅은 청년이라는 개념을 구체화하는 이웃항이었던 셈이다.

3. 청년과 부모자녀 관계

1) 청년 vs 노인

'청년'의 탄생으로 인하여 가장 커다란 도전에 직면한 것은 '가족'이었다. 청년의 탄생이 가족 내 자녀의 역할과 의미, 자녀에 대한 부모의 역할 그리고 부모자녀 관계의 변화를 야기했기 때문이다. 이러한 가족관계의 변화를 보다 면밀하게 추적하기 위해서는 청년과 함께 이야기되었던 '노인'에 대한 고찰이 필요하다. 계몽담론은 청년의 개념을 분명하게 하기 위해서 앞의 '비청년'과 함께 '노인'을 필요로 했다. '노인'은 '비청년'의 그 것처럼 '청년'의 모습을 분명하게 드러내는 수사적 장치라 할 수 있다. 계몽담론은 청년과 대립되는 노인을 통하여 청년의 개념을 완성하고자 하였고, 이렇게 생성된 노인의 이미지는 무엇보다 부모의 역할과 지위에 변화를 초래하였다. 이제 노인의 이미지와 청년과 노인의 배치를 살펴보면서 계몽담론의 의도를 읽어보기로 한다. 먼저 청년과 노인에 대한 묘사부터 살펴보자.

우리 한국은 사천여 년 늙은 나라로 정치도 늙고 관리도 늙고 인민도 늙어서 일신으로 비유하면, 칠팔십 된 노인이 몸도 강건치 못하고 눈도 어두우며 귀도 먹고 손은 수전이 나고 발은 걸음을 못 걸으니 어찌 기거 행동을 자유로 하리오 필연 좌우에 사람이 있어 붙들어 일어나고 붙들어 눕게 할지라. 우리 한국은 정부와 인민이 이 노인과 다름이 없는 고로 금수 같은 삼천리강산을 무너진 집과 같이 등기(等棄)하여 이웃집 아이들이 그 주인의 늙고 기력이 없음을 업신여겨 서까래도 빼어가고 산자까지도 빼가다가 나중에는 그 이웃 강장한 소년이 그 집 주인을 억륵(抑勒)으로 누르고 가산집물까지 일동일정 총찰할 새, 그 주인으로 하여금 수족을 묶고 한편 적은 방옥에 거처케 하고 의복음식을 차하하여 주는 지경에 이르니, 그 주인된 자는 배를 주고 뱃속을 빌어먹는 정상이 얻지 가긍치 아니하리오.
—〈소년의 한국〉, 『대한매일신보』, 1910.7.1

이 글에서 단군 이후의 4천년의 역사를 가진 조선은 손발을 덜덜 떠는 눈 멀고 귀 어두운 "늙은 나라"로 명명되고 있다. 조선의 무기력함의 원인은 이 '늙음'에 있었다. 그러나 이 글은 조선이 전일(前日)의 부패한 습관을 청소하고 신선한 문화를 널리 펴서 타락한 인민의 지기(志氣)를 불러 깨우고, 미약한 국가를 실력으로 붙들어 떨치게 하여 나라의 명을 새롭게 한다면, "4천여 년 늙은 나라는 다시 변하여 소년 나라"로 거듭날 수 있다고 말한다. 늙은 집을 수리하면 "소년의 집"이 될 수 있는 것처럼 늙은 나라를 정비하여 소년의 나라로 건설하자는 것이다.

이와 같이 근대계몽기는 청년의 세계이며 청년의 시대이지, 노인의 세계도 노인의 시대도 아니었다. 계몽지식인들은 미래지향적인 '청년'의 시대임을 강조한다. 따라서 청년(소년)과 노인은 다음의 구도로 배치될 수밖에 없었다. 즉, "청년(소년) : 노인=미래 : 과거=진보 : 정태=진취 : 지체=신식 : 수구=즐거움 : 근심(낙심)=활발 : 겁약=흥함 : 망함=항상 일을 좋아함 : 항상 일을 싫어함=못할 일이 없음 : 할 일이 없음=아침 빛 : 저녁 빛=어린 범 : 수척한 소=협객 : 중[僧侶]"으로 배치된다(『대한매일신보』, 1907.8.24). 이렇듯 선명한 이분법에서 여실하게 볼 수 있듯이 청년(소년)과 노인은 대척적인 것으로 개념화된다. 소년(청년)이 "장래 민족의 대표"라 한다면, 노인은 "지나간 국가의 주인"이자 "지나간 민족의 대표"이다. 소년이 "전정(前程)이 만리 같고 기운이 발발하여 처음 솟는 샘, 일출 하는 해"라 한다면 노인은 "늙고, 썩고, 힘"이 없는 무능력하고 무기력한 존재다. 계몽지식인들은 노인을 죽음이 멀지 않은, 그래서 이제 곧 소멸될 존재로 보았기 때문에, "국가가 멸망하여 우마가 되고 어육이 되며 노예가 되는 참혹한 환난도 오직 소년이 당"할 것이며, "독립 부강하여 세계에 뛰어나고 육대주에 맹주가 되는 영광도 또한 소년이 누릴"것이라고 주장할 수 있었던 것이다(『대한매일신보』, 1908.11.22). 그들은 소년이 "뜻"을 세우지 못한다면 노인과 같이 "늙은 자", "죽은 자"나 다름없다고 말한다. "뇌수가 이미 썩고 그 기운이 이미 쇠"한 노인은 "죽은 사람"과 크게 다르지 않다는 것이다(『대한매일신보』, 1908.8.7). 그리하여 〈나라의 쇠잔함은 실로 완고한 노물(老物)의 부패심으로 인함이오 나라의 흥왕함은 전혀 청년을 교육하는 단체력에 있다 함〉이라는 긴 제목의 글은 조선의 유구한 역사를 '구세계'로 정의한다. 구세계는 구사상, 구학문, 구정치, 구법률, 구군제로 영위되는 곳으로, 당연히 그곳은 야만의 세계였다. 이에 비해 지금의 세계인 "신세계"에 조선은 "신사상과 신학문과 신정치와 신법률과 신군제"로 적응해야 했다(『대한매일신보』, 1908.3.25).

그렇다면 이러한 청년과 노인간의 대립은 필연적일 수밖에 없었는가. 개화와 야만, 신식과 구식이라는 구도 아래 배치된 청년과 노인의 대립과 갈등을 계몽담론은 어떻게 조망하고 있었을까. '완고선생'과 '선진소년'의 대화를 들어보자. 완고선생은 작금의 조선의 위기 상황은 "사대문을 닫지 아니하고 전차가 왕래하며 남산을 파묻어서 지형"이 변했기 때문에 생긴 결과라고 하면서 "이 지경 되게 한 자를 부득불 원망"할 수밖에 없다고 말한다. 이 말을 들은 소년은 완고선생의 주장에 반박하면서 국가를 위하여 큰 성을 쌓는 것 대신 "새 법"을 제정하는 것이 옳다고 말한다. 그러나 이러한 소년의 주장에 완고선생은 다시 반박을 가하면서 "완고의 주의를 고집"하였고, 이에 소년이 태서(泰西) 역사를 들어 그 성쇠 흥망의 구적(舊蹟)에 관한 일장 연설을 한다. 이 설명을 들은 완고선생은 그제야 소년이 옳다고 하며, 두 사람은 손을 맞잡고 함께 나아간다. 완고한 늙은이와 선진한 소년의 대화를 담고 있는 이 글은 당대 빈번했던 신구간 갈등의 바람직한 처방을 제시하고 있다. 이 글에 따르면 완고인의 잘못된 생각은 서구의 구체적 역사라는 실증적 경험을 설명하는 소년에 의해 수정될 수 있다. 그래서 완고 노인은 자신의 우매함을 깨닫고 소년의 주장에 적극 동의하여 '소년의 길'에 동참한다(『대한매일신보』, 1908.7.29). 이 글에서 주목해야 할 것은 노인과 소년의 대화에서 '장유유서'와 같은 윤리의식을 찾아볼 수 없다는 점이다. 이 둘은 수평적 지위에서 대립하고 있을 뿐만 아니라 소년은 '노인'을 가르치고 있다. 노인의 경험은 소년의 '지식' 앞에서 무용지물이다. "노장은 무용"이기에 노인도 "청년과 같은 마음"을 가져야 했다(『대한매일신보』, 1909.10.20). 계몽지식인들은 신구간의 갈등, 노소간의 갈등은 신구의 타협, 노소간의 협의가 아니라, 오로지 구식의 타파, 노인의 자각을 통해서 해결하는 것이 옳다고 주장했다. 그러나 이러한 해답은 지나치게 신식 지향적이며, 청년 지향적이었기 때문에 신구간의 갈등은 날카로워질 수밖에 없었다.

2) 부모의 주변화

청년과 노인이 가족 안으로 편입될 때 이 둘은 자녀와 부모가 되어 '부모자녀관계'를 맺는다. 청년의 표상은 자녀의 표상으로, 노인의 표상은 부모의 표상으로 정립된다. 따라서 "한국이 이처럼 쇠하고, 패하며, 잔약(屠弱)하고, 멸망할 지경에 도달한 것은 모두 완고한 노물(老物)의 부패한 습관 때문"(『대한매일신보』, 1908.3.25)이라는 주장에서 볼 수 있는 노인의 이미지는 '부모'의 위상에 부정적인 영향을 미칠 수밖에 없었을 것이다. 당시 가족 안팎에서 부모의 권위에 대한 도전11)이 있었지만 부모자녀관계에서 부모가 주변으로 밀려나게 된 주요한 원인은 청년과 노인을 둘러싼 계몽지식인들의 논의와 밀접한 관련이 있다. 노인이 청년을 위해 뒤로 물러나야 했던 것처럼, 부모는 자식의 의사를 존중하면서, 부모로서의 권리보다는 자녀에 대한 의무에 충실해야 했다. 이제 '자녀' 중심의 가족생활을 영위해야 한다고 말하는 글들을 통해 부모가 주변화되는 과정을 더듬어 보기로 하자.

근대계몽기 교육과 관계되는 수많은 글들에서 확인할 수 있듯이 '신교육'에 대한 지식인들의 열정은 대단했다. 당대 부모의 가장 중요한 역할은 자녀를 교육하는 것이었다. 부모된 이는 "어서 바삐 시급하게 자손"을 가르쳐야 했다. "하나 알고 둘이

---

11) 부모의 권위에 대한 도전은 아버지 권위의 추락을 의미한다. 근대계몽기 아버지의 권위의 실추는 여러 가지 원인이 있을 수 있겠으나 무엇보다 중요한 이유 중의 하나는 임금의 권위실추라 할 수 있다. 당시에는 흔히 임금을 아버지로, 백성을 그 자식으로 비유하고 있었는데, 이것은 군신(君臣)의 관계를 부자의 관계로 인식하고 있었기 때문이다. 그러나 당대 열강의 틈새에서 위기적 상황에 봉착한 조선은 임금이 임금으로 군림할 수 없는 상황을 연출하였으며, 계몽담론 역시 근대계몽기 초기에는 임금을 중심으로 한 왕실을 '국가'로 등치시키고 있었으나 중기를 거치면서 왕실과 국가를 분리시키기 시작하였다. 이것은 계몽담론이 그토록 강조하였던 국가에 대한 충성이 곧 임금에 대한 효와 등치관계가 될 수 없음을 의미하는데, 이는 '왕실'이 더 이상 공적 영역이 될 수 없었음을 뜻한다. 왕실과 국가의 분리는 곧 임금과 국가의 분리를 의미하며, 이것은 부모 특히 아버지를 사유하는 방식에도 커다란 영향을 미치고 있다. 국가가 임금의 국가가 아니듯이 가족 역시 가부장 즉 아버지의 가족이 될 수 없는 것이었다. 당대의 이러한 아버지 권위 실추를 국문학계에서는 아비부재, 고아의식 등으로 설명하고 있다(서석준, 1992; 조진기, 1993 참조).

알아 차차 깨여 늘어가면 국권은 회복 될 수 있기에, 부모는 굶고 춥더라도 자손을 가르쳐야 한다"(『대한매일신보』, 1906.1.11)는 주장 아래 자녀 교육은 부모의 절대적 과업으로 부상한다. 이와 같은 교육에 대한 열망과 함께 자녀를 교육하지 않는 부모는 '죄인'으로 규정된다. 자식을 가르치지 못한 부모의 죄는 임금을 배반한 '역적'의 죄보다 결코 가볍지 않기 때문에, 부모로서 "공사간 국가사(國家事)에 죄인"이 되지 않기 위해서는 자녀를 가르쳐야 한다는 것이다(『대한매일신보』, 1906.1.13). "교육사상 없는 부모"는 "자손에게 도적"이고, "학문 싫다" 하는 자손은 "부모에게 불효"를 행하는 자이다(『대한매일신보』, 1906.1.14).

요컨대 자녀를 신교육의 수혜자로 만드는 것이 부모에게 부과된 의무이자 최대의 과제였다. 그런데 이와 같은 논의가 부모자녀관계에서 의미를 갖는 것은 학교를 통한 신교육의 강조가 '가족'안에서 '부모'의 권위를 절대적인 것에서 상대적인 것으로 바꾸게 하는 등 부모를 주변화하는 데 영향을 미쳤기 때문이다. 학교교육은 부모의 권위를 약화시키는 매우 유효한 기제였던 것이다.

이와 같은 부모 역할의 변화는 자녀관의 변화와 함께 논의되어야 한다. 자녀를 사회와 국가의 '공물(公物)'로 인식하기 시작한 것이 근대계몽기 부모자녀관계의 주요한 특징이라는 것은 이미 언급한 바와 같다. 자녀는 한 사람, 한 가정의 자식이기 전에 '국가'를 위하여 살아야 하는 공물이었다(『가정잡지』 1년 3호, 1906.8).

자녀를 국가의 일꾼으로 길러야 한다는 '선언'은 새로운 자녀관의 도래를 의미하는 것이었고, 그것은 새로운 부모의 역할을 요구했다. 어린 자녀가 국민으로 성장하기 위하여 '학교'와 같은 제도화된 공간에서 교육을 받아야 한다는 주장에서 파생되는 부모의 역할은 기존의 전통적 부모자녀윤리와는 매우 이질적이다. 그런데 자녀에 대한 인식의 변화에서 간과할 수 없는 점은 이러한 주장이 부모를 주변화하고 있다는 것이다.

한편, 영웅담론은 자녀의 청년됨을 도모하는 부모를 참된 영웅이라고 말한다. 국가의 부강과 독립을 갈망하면서 진정한 청년이 되고자 하는 자녀의 욕구는 지극히 바람직한 현상이기 때문에 부모는 자녀가 청년의 역할을 수행할 수 있도록 도와주어야 했다. 이제 계몽지식인들은 부모의 자리에서 '영웅'이 될 수 있는 길을 말한다.

앞서 살펴본 영웅담론은 1900년대 후반으로 접어들수록 '영웅'에 대한 애절한 부름에서 일반적인 범인(凡人) 역시 영웅이 될 수 있다는 주장으로 선회한다. 이 주장에 따르면 보통사람인 국민 역시 영웅이 될 수 있고, 궁극적으로는 특출한 영웅을 만들고 희망하기보다는 대다수의 사람들이 자신이 서 있는 자리에서 '국민의 역할'을 수행함으로써 영웅이 되어야 한다. 지금 조선은 "어국함으로 살고 애국함으로 죽어, 정신도 꿈도 모두 애국"으로 무장된 "다수한 적은 영웅"을 절대적으로 요청하고 있기 때문에, 이천만 모두는 애국사상을 분발하여 영웅이 되어야 한다는 것이다.(『대한매일신보』, 1909.5.15; 『대한매일신보』, 1909.10.15; 『대한매일신보』, 1909.10.19; 『대한매일신보』, 1910.4.9; 『대한매일신보』, 1910.6.26; 『대한매일신보』, 1910.7.24). 작금의 상황은 한두 명의 영웅의 힘으로 해결할 수가 없다. 따라서 "무수한 영웅의 협력"이 필요했으며, 이천만 동포는 국민을 넘어 무수한 영웅으로 거듭나야 했다(『대한매일신보』, 1907.10.5).

4. 왜 '청년'인가

1) 청년 또는 '국민'의 표상

계몽담론은 '청년'을 통해 국민국가를 건설할 수 있는 이상적인 인간상을 확립하고자 하였다. 조선의 아이와 젊은이는 교육과 계몽이라는 문명화의 과정을 통해 '소년' 혹은 '청년'으로 거듭나야 했다. 국민으로서의 청년(소년)은 국가 이데올로기를 정신과 육체에 새겨 넣어야 했다. 이와 같이 계몽담론은 청년을 통하여 '국민'의 개념을 완성하고자 했던 것이다.

익히 알다시피 계몽지식인들은 앉아도, 서도, 노래를 하여도, 생각을 하여도, 살아도, 죽어도 "대한독립"이어야 한다고 하면서 '국가'의 중요성을 강조하였다. 이때 청년은 국가의 흥망을 좌우할 중요한 지위를 차지하게 된다. 근대계몽기에 청년은 "나라의 원기(元氣)"로 인식되었다(『대한매일신보』, 1909.8.26). 소년 "제군은 곧 한국이요, 한국은 곧 제군", "청년의 다리가 한국의 다리이고, 청년의 걸음이 한국의 걸음이고, 청년의 진보가 한국의 진보이며, 청년의 퇴보가 한국의 퇴보" 등과 같은 표현은 계몽 지식인들에게 청년이 얼마나 중요한 존재로 인식되었는지를 잘 말해주고 있다(『대한매일신보』, 1908.9.27).

계몽의 주체들이 '청년'에게 요구하고 있었던 것은 다음 사건에서 잘 나타난다. 1908년 5월 보창학생 50명은 조선 시국을 개탄하는 자리에서, 그 중 17명이 "우리가 한국을 반드시 회복하리라. 우리가 우리 한국 동포를 반드시 건지리라. 우리가 우리 삼천리강산을 반드시 보전하리라. 우리가 우리 사천년 역사를 반드시 빛내리라"라고 다짐하면서 손가락을 잘랐다. 이 사건에 대해 『대한매일신보』는 이들 학생의 피를 "자유의 선봉이며 문명의 스승이며, 학계의 꽃", "나라를 사랑하는 피", "때를 근심하는 피", "강개하고 열성의 피"라고 하면서 극찬한다.

> 장하다, 저 열일곱 학생의 손가락 피여! 맹렬하다, 저 열일곱 학생의 손가락 피여! 나는 그 피를 위하여 노래하며, 그 피를 위하여 춤을 추노니, 무릇 한국에 인정이 있는 남녀들이여 모두 이 피를 위하여 노래하고 춤을 출지어다. 저 열일곱 학생의 손가락 피는 무슨 피인고? 나라를 사랑하는 피며, 때를 근심하는 피며, 강개하고 열성의 피니, 장한 저 열일곱 학생의 손가락 피여!
>
> —〈학계의 꽃〉, 『대한매일신보』, 1908.5.16

애국적 열혈주의는 청년에게 '피'를 요구하고 있었다. "전국 청년을 정신으로 훈련하고 애국하는 사상으로 고등"하게 하여 후일 조선을 "세계 열국과 동등"한 나라로 만들자는 주장(『대한매일신보』, 1908.5.15)에서 청년이 국가주의를 위한 매우 유용한 수단으로 생각되었다는 것을 알 수 있다. 청년은 "활발한 정신을 더욱 가다듬어 용맹으로 진보하여 교육을 확장"하고, "사회를 흥왕케 하고, 인민의 지식을 발달되게 하고 단체를 공고히 하여" 궁극적으로 "이천만 민중을 힘쓰게 만들어 나라를 부강"하게 하는 디딤돌이어야 했다(『대한매일신보』, 1908.7.24).

이처럼 애국적 열혈주의로 무장한 청년은 바로 '국민'의 전형으로 이미지화된다. 계몽의 주체들이 그토록 완성하기를 갈망했던 국민을 형성하기 위해서 대표주자가 필요했는데, 그것이 바로 '청년'이었던 셈이다.

잘 알려져 있다시피 근대계몽기 '국가'는 계몽의 주체들에 의해 절대선의 자리에 등극한다. 그리고 청년은 이러한 국가를 실현하기 위한 막중한 과제를 부여받는다. 청년은 자신의 모든 에너지를 국가에 집중해야 한다는 당위 속에서 국민형성의 구심체로 자리잡는다. 청년의 탄생은 청년이라는 개념어의 경계선이 확립되는 과정을 의미하는데, 청년 각자는 내부적으로 모두 국가라는 동일한 코드에 의해 움직여야 했다. 이 코드에 따라 청년은 동일한 인식의 틀을 수용해야 했으며, 이 틀은 다른 집단에도 유통된다. 청년은 계몽의 코드를 사회와 가족으로 빠르게 퍼뜨릴 수 있는 매개체였다.

2) 청년의 탄생 또는 부모자녀 갈등의 기원

그렇다면 국가주의로 무장한 '청년'은 일상에서 '청년-되기'를 어떻게 실천하였을까. 그리고 그 파장은 어느 정도였을까.

앞서 살펴보았듯이 청년과 비청년의 경계는 '참된 청년'의 모습을 선명하게 보여준다. 그러나 이러한 실천이 '단지(斷指)'를 하면서 '국가주의'에 대한 의지를 다지는 것과 같은 차원이 아니라, 매일 일상에서 국가주의를 실천하는 경우라면 문명과 야만의 중에서 야만을 버리고 문명을 선택하는 것을 뜻한다. 그런데 주목해야 하는 것은 상당수의 계몽지식인들이 기존의 유교적 질서를 '구습' 혹은 '야만'으로 규정하고 있다는 사실이다. 그러나 '새것=문명, 낡은 것=야만'으로 등치되는 가운데 이러한 기준에 대한 경고가 내부적으로 있었다 할지라도, 이것은 서구를 지나치게 맹종하는 것에 대한 경고이지 서구 혹은 서구의 수용 및 그 실천에 대한 비난은 아니었다. 이러한 상황에서 청년은 기존의 질서가 아닌 새로운 문명을 실천에 옮겨야 하는 존재로 인식된다.

그런데 당시 실제로 청년이 문명한 '서구'를 실천할 수 있는 장은 한정되어 있었다. 이것은 당시 조선이 처한 시대 상황을 고려하면 어렵지 않게 이해할 수 있다. 당대 중앙정부는 공적 제도를 통해 국가 시스템을 구축할 수 있는 정치적 힘을 갖고 있지 못했다. 특히 일제의 식민지 정책이 본격화하기 시작하는 1905년 이후에는 계몽의 담당자 역시 제도의 변화를 통해 국민국가를 건설하는 게 역부족이라는 것을 인식하고 있었다. 계몽의 주체들이 제도나 정책 등의 공적 영역의 정비를 통해서가 아니라, 오직 '국가주의'나 '국가정신'과 같은 정신으로 무장된 국민을 통하여 국가를 완성하고자 한 것은 이러한 이유에서 비롯된 것이라 할 수 있다. 그러므로 대부분의 청년담론 역시 청년의 구체적인 선택이나 행동의 실천을 호소하는 것보다는 "신대한의 애국청년 끓는 피가 뜨거워 / 일심으로 분발하여 혈성대를 조직코"(『대한매일신보』, 1909.8.11), "사랑하는 청년들아 참 분하구나 저 원수가 참 분하구나 / 저 원수를 다 몰아내고 소평천하(掃平天下) 소원이로세"(『대한매일신보』, 1909.8.13)라고 하면서 "국가에 대한 의무, 몸을 버려 할지로다"(『대한매일신보』, 1909.9.30), "잠시라도 허송말고"(『대한매일신보』, 1909.10.22), "방심 말고 공부하여"(『대한매일신보』, 1909.12.25), "놀지 말고"(『대한매일신보』, 1910.1.5), "제 일신은 불고하고 국가사에 힘을 써서"(『대한매일신보』, 1910.3.2), "가는 길 험타 말고, 일심으로 나아가소"(『대한매일신보』, 1910.4.17), "우리의 큰 사업을 늦기 전에"(『대한매일신보』, 1910.4.28)라는 비슷한 문구만을 계속 반복하면서 청년정신을 강조하고 있었던 것이다.

따라서 계몽지식인들이 그토록 중시했던 청년이 구습인 야만을 버리고 새로운 문명을 실천할 수 있는 영역은 많은 경우 '가족'으로 국한될 수밖에 없었다. 제도의 개혁을 통하여 '문명'을 실천하기가 어려운 상황에서 청년은 제도가 아닌 개인 스스로의 태도와 행동의 변화를 통하여 '청년'으로 거듭나야만 했다. 그리고 이 변화는 새로운 '선택'으로 나타났는데 이는 주로 가족이라는 공간에서 이루어졌다. '청년-되기'의 실천이 가족 안에 국한될 수밖에 없는 예로 교육을 들 수 있다. 계몽지식인들이 열성적으로 강조했던 교육의 필요성에 청년이 가슴 깊이 감화받았다 할지라도, 학교가 절대적으로 부족한 상황에서 학생이 될 수 있는 청년은 극소수에 불과했다. 이러한 사회적 배경이 청년으로 하여금 가족의 영역에서 청년—되기를 실천하도록 했고 그 대표적인 것이 배우자 선택이었다.

계몽지식인들은 신교육을 받은 남자와 그렇지 못한 여자의 결혼을 봉황과 닭의 만남으로 비유하면서 새로운 동질혼의 기준으로 교육을 강조하였고(『제국신문』, 1906.11.16), 청년학도들은 자신과 같은 여학도를 배우자로 맞이하기를 원하였다.12) 그러나 자신의 배우자를 자신이 선택하겠다는 청년의 의지는 전통적인 가족질서와 상충된다. 전통적으로 결혼은 청년 개인의 선택이기에 앞서 적처를 통해 가계계승자를 확보하기 위한 가문의 일이었다. 그러므로 자신의 배우자를 자신이 직접 선택하겠다는 청년의 의지는 부모자녀간 갈등으로 심화될 수밖에 없었다. 따라서 적지 않은 신소설은 배우자 선택으로 말미암은 개화된 청년과 완고한 부모 사이의 갈등을 주제로 하고 있다. 당시의 이러한 상황을 가장 잘 드러내고 있는 것이 1908년 발행된 이인직의 『치악산』이다. 갑오경장 이후를 배경으로 하고 있는 이 소설은 "찰완고의 자식"이 "찰개화꾼"이 되면서 형성된 아버지 홍참의와 아들 철식의 부모자녀간 갈등을 그리고 있다(『치악

---

12) 이러한 점은 1911년에 출판된 『홍도화』(『한국신소설전집』 6권 : 279), 1912년의 『추월색』(『한국신소설전집』 4권 : 24), 『안의 성』(『한국신소설전집』 4권: 69~70), 『명월정』(『한국신소설전집』 6권 : 150), 1914년의 『해안』(『한국신소설전집』 4권) 등의 신소설에 잘 드러나 있다. 이에 대한 자세한 논의는 전미경(1999 : 86~87) 참조

산』,『한국신소설전집』1권 : 391).

　청년의 '개화'를 향한 의지가 갈등으로 표출되는 곳이 바로 가족이었다. 그러나 부모의 '완고함'만이 그 원인이 되었던 것은 아니다. 바로 자녀가 '청년'으로 거듭나고자 했을 때 가장 먼저 부딪치는 것이 가족질서였기 때문이다. 근대계몽기 청년의 의식 속에서 가족과 국가는 양립할 수 없었다. 계몽지식인들은 국가의 선택을 당위적인 것으로 설명하면서, 청년에게 가족과 부모를 버리고 '국가'에 매진하도록 강요하였다. 국가는 가족에 우선한다는 그들의 주장이 국가를 선택하는 청년을 가족갈등의 중심에 서게 했던 것이다.

5. 에필로그

　근대계몽기 청년이 갖는 의미는 무엇보다 당대 가족을 새롭게 공간화하고 있다는 점에서 찾을 수 있다. 구국의 역량으로서의 청년, 영웅과 같은 청년은 자신이 속한 가족을 '문명'의 공간으로 바꾸고자 하였다. 특히 '청년'이 만들어지는 과정은 부모자녀관계의 본질적 변화를 가져왔다. 계몽담론은 조선의 젊은이와 늙은이를 청년과 노인으로 호명하였고, 동시에 전과 다른 이질적인 표상으로 배치하였다. 노인은 구시대의 산물이었고 낡은 것이었다. 이러한 노인의 표상은 부모의 위상에도 부정적인 영향을 미쳤다. 더불어 자녀를 교육하고 '청년(소년)'으로 길러야 한다는 계몽주의자들의 주장은 부모자녀관계에 있어 그 무게중심을 부모에서 자녀로 옮겨놓았다. 이러한 일련의 과정은 부모를 주변적인 존재로 내모는 과정과 상응한다. 애국으로 무장한 청년은 국민으로서 가족과 사회에서 거칠 것이 없는 존재가 되었다. 그 무엇도 국민적 삶을 집약적으로 보여주고 있는 청년을 가로막을 수 없었다. 부모 역시 청년인 자녀의 국민적 실천을 막을 명분이 없었다.

한편, 일본의 영향력이 확대된 상황에서 중앙정부는 청년－되기를 실천할 수 있는 제도적 장을 마련하지 못하였기 때문에 그 실천은 많은 경우 배우자 선택과 같이 가족의 영역에서 이루어졌다. 그 과정에서 청년들은 완고한 부모와 갈등을 겪을 수밖에 없었다. 당대 많은 가족갈등의 원인은 '청년'에게 있었다. 이러한 부모자녀간의 갈등은 청년과 노인의 갈등, 신식과 구식의 갈등이면서 동시에 국민과 비국민의 갈등이라 할 수 있다.

그러나 계몽지식인들이 '청년'을 당대의 주인으로 추대하였다 할지라도 청년은 주체로 서지 못하였다. 청년은 언제나 '국가'를 위하여 존재해야 했다. 청년은 '국가'를 위한 도구적 존재였으며, 국가의 원리에 의해서만 움직이는 수동적 존재였다. 계몽담론의 목적이 오직 '국가'를 완성하고 '국민'을 발견해야 하는 데 있었기 때문에 주체로서의 '청년' 혹은 '개인'이 생성될 기반은 부재할 수밖에 없었다.

참고문헌

제1장 근대적 가족은 어떻게 만들어지는가
1차 자료
『대한매일신보』
『두견성』, 『한국신소설전집』 5권, 을유문화사, 1968.
『제국신문』

2차 자료
가라타니 고진, 박유하 역, 『일본근대문학의 기원』, 민음사, 1997.
신옥희, 「조선시대 유교윤리의 특성과 한계」, 『한국인의 윤리관』, 한국정신문
　　　화연구원, 1983.
홍일표, 「주체형성의 장의 변화－가족에서 학교로」, 『근대주체와 식민지 규
　　　율권력』(김진균·정근식 편저), 문화과학사, 1997.

제2장 조혼타파론과 근대적 가족윤리의 모색
1차 자료
『가정잡지』
『경남일보』
『관보』
『내훈』
『대한매일신보』
『대한민보』
『독립신문』
『서우』
『순종실록』
『여자지남』
『은세계』, 『한국신소설전집』 제1권, 을유문화사, 1968.
『자선부인회잡지』
『자유종』, 『한국신소설전집』 제2권, 을유문화사, 1968.
『제국신문』

『해안』, 『한국신소설전집』 제4권, 을유문화사, 1968.
『혈의루』, 『한국신소설전집』 제1권, 을유문화사, 1968.
『황성신문』

2차 자료
김두헌, 「조선의 조혼과 및 그 기원에 대한 일고찰」, 『진단학보』 제2집, 1935.
김용옥, 「한국근대여성운동사 연구 : 1880년 후반 – 1920년대를 중심으로」, 고
　　　려대 박사논문, 1982.
김혜경, 「일제하 '어린이기'의 형성과 가족변화에 관한 연구」, 이화여대 박사
　　　논문, 1998.
장병인, 『조선전기의 혼인제와 성차별』, 일지사, 1997.

제3장 축첩제, 야만적인 너무나 야만적인

1차 자료
『가정잡지』
『검중화』, 『한국신소설전집』 제6권, 을유문화사, 1968.
『경국대전』
『귀의성』, 『한국신소설전집』 제1권, 을유문화사, 1968.
『금강문』, 『한국신소설전집』 제6권, 을유문화사, 1968.
『능라도』, 『한국신소설전집』 제5권, 을유문화사, 1968.
『대한매일신보』
『독립신문』
『매천야록』
『명월정』, 『한국신소설전집』 제6권, 을유문화사, 1968.
『우암선싱계녀서』
『제국신문』
『탄금대』, 『한국신소설전집』 제5권, 을유문화사, 1968.
『태종실록』
이해조, 「윤리학」, 『기호흥학회월보』 11호, 1909.

2차 자료
김두헌, 『조선가족제도연구』, 을유문화사, 1949.
달레, 안응렬 외역, 『한국천주교사연구』 상권, 분도출판사, 1979.

박영호, 「개화에 대한 상소」, 『근대한국명호선집』(신동아편집실), 신동아사,
　　　　1979.
박찬승, 「동학농민전쟁의 사회·경제적 지향」, 『한국민족주의론』, 박현채 외,
　　　　창작과비평사, 1985.
백규삼, 「백주교의 사목서한」, 『순교자와 증거자들』, 한국교회사연구소, 1982.
이정옥, 「가족의 사회적 의미와 가족주의」, 『형성과 창조 2~3 : 가정의 정신
　　　　문화적 의미와 가족주의 문제』, 한국정신문화연구원, 1997.
이종일, 「조선시대 서얼신분운동사」, 동국대 박사논문, 1987.
장병인, 『조선전기 혼인제와 성차별』, 일지사, 1997.

제4장 과부의 개가, 그 멀고도 험한 길

1차 자료

『대 한매일신보』
『대 한민보』
『대 한일보』
『독립신문』
『성호사설』 제6집, 민족문화추진회, 1977.
『제 국신문』
『탄금대』, 『한국신소설전집』 제5권, 을유문화사, 1968.
『혈의루』, 『한국신소설전집』 제1권, 을유문화사, 1968.
『홍도화』, 『한국신소설전집』 제6권, 을유문화사, 1968.
『황성신문』

2차자료

고미숙, 『비평기계』, 소명출판, 2000.
김용덕, 「부녀수절고」, 『이조여성연구』(아세아여성문제연구소), 숙명여대 출
　　　　판부, 1976.
김태길, 『변혁시대의 사회철학』, 철학과현실사, 1990.
박남훈, 「조선전기 재가금지법과 실제」, 『한국의 사회와 문화』(최재석교수회
　　　　갑기념논문집), 일지사, 1991.
박용옥, 『이조여성사』, 한국일보사, 1976.
이상백, 「재가금지습속의 유래에 대한 연구」, 『이상백저작집』 1권, 을유문화
　　　　사, 1978.

이옥경, 「조선시대 정절이데올로기의 형성기반과 정착방식에 관한 연구」, 이
　　　　화여대 석사논문, 1985.
전미경, 「근대계몽기 가족윤리의식의 변화와 가족갈등에 관한 연구」, 동국대
　　　　박사논문, 1999.
조　은, 「모성·성·신분제-『조선왕조실록』 '재가금지' 담론의 재조명」, 『사
　　　　회와 역사』 51집, 한국사회사학회, 1997.

제5장 남녀동등론의 진의(眞意)

1차 자료

『내훈』
『녀자지남』
『대한매일신보』
『독립신문』
『매일신문』
『명월정』, 『한국신소설전집』 제6권, 을유문화사, 1968.
『서유견문』
『안의성』, 『한국신소설전집』 제4권, 을유문화사, 1968.
『자유종』, 『한국신소설전집』 제2권, 을유문화사, 1968.
『제국신문』
『치악산』, 『한국신소설전집』 제1권, 을유문화사, 1968.
『황성신문』

2차 자료

권보드래, 『한국 근대소설의 기원』, 소명출판, 2000.
김윤성, 「여성과 종교에 관한 근대적 담론의 한계와 효과」, 『한국사회의 근대성
　　　　과 종교문화』(한국종교문화연구소 창립기념 심포지엄 자료집), 2000.
김태길·심재룡·이용필, 『현대사회와 윤리』, 박영사, 1989.
문소정, 「한국 가족의 근대성에 대한 성찰」, 『전통과 서구의 충돌』(역사문제
　　　　연구소), 역사비평사, 2001.
민족문학사연구소 편역, 『근대계몽기의 학술·문예사상』, 소명출판, 2000.
백지원, 「조선시대 가족예속에 관한 연구」, 성균관대 석사논문, 1994.
임덕수, 『국민윤리』, 교문사, 1993.
장석만, 「한국 근대성 이해를 위한 몇 가지 검토」, 『현대사상』 2, 민음사, 1997.

제6장 '여성'에 대한 여성의 시각―규방가사를 중심으로

1차 자료

『대한매일신보』

『독립신문』

『여성신문』

『저국신문』

권영철, 『규방가사』, 효성여대 출판부, 1985.

권영철·최정여·이원주·설성경·김홍규·최원식·정형우편, 『규방가사』 I
　　　(『가사문학대계』 3), 한국정신문화연구원, 1979.

소혜왕후 한씨, 『내훈』, 오영석 교주, 문조사, 1986.

한국문화연구원, 『논총』 15집, 이화여대, 1970.

2차 자료

권보드래, 『한국 근대소설의 기원』, 소명출판, 2000.

박요순, 『한국시가의 신조명』, 탐구당, 1984.

서영숙, 「근대계몽기 규방가사의 한 연구―"싀골색씨 설은타령"을 중심으로」,
　　　『어문연구』 14집, 1985.

신정숙, 『한국전통사회 여성생활문화 논고』, 대광문화사, 1984.

이광규, 『한국가족의 사적 연구』, 일지사, 1984.

정재호, 「오스룸으병가고」, 『시문학』 통권 127호, 1982.

제7장 '청년'의 탄생과 부모자녀 관계의 변화

1차 자료

『가정잡지』

『대한매일신보』

『명월정』, 『한국신소설전집』 제6권, 을유문화사, 1968.

『안의성』, 『한국신소설전집』 제4권, 을유문화사, 1968.

『추월색』, 『한국신소설전집』 제4권, 을유문화사, 1968.

『치악산』, 『한국신소설전집』 제1권, 을유문화사, 1968.

『허안』, 『한국신소설전집』 제4권, 을유문화사, 1968.

『홍도화』, 『한국신소설전집』 제6권, 을유문화사, 1968.

2차 자료

니시카와 나가오, 윤대석 역, 『국민이라는 괴물』, 소명출판, 2002.

서석준, 『현대소설의 아비상실』, 시학사, 1992.

전미경, 「근대계몽기 가족윤리의식의 변화와 가족갈등에 관한 연구—신문과 신소설을 중심으로」, 동국대 박사논문, 1999.

조진기, 「근대계몽기 소설과 가족의식의 변모」, 『가라문화』 10집, 경남대 가라문화연구소, 1993.